GÄRTNERN

für die

SINNE

Theorie und Praxis zum achtsamen Gärtnern

GÄRTNERN
für die
SINNE

Theorie und Praxis zum achtsamen Gärtnern

KENDRA WILSON

DK

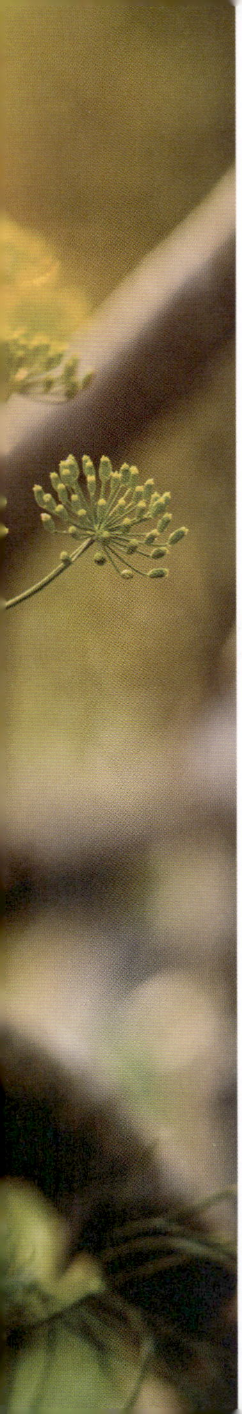

Inhalt

Einführung

Seit Langem weiß man, dass Gärten zufriedener machen. Dass der Anbau von Pflanzen unsere Sinne in Wohlbehagen versetzt, stellte bereits 1618 der britische Gartenautor William Lawson fest. Heute hat dieser Gedanke mehr Bedeutung denn je, denn die Wissenschaft sagt uns, was wir schon immer instinktiv gespürt haben: Einfache Arbeit und unkomplizierte Bewegung im Freien sind gut für uns. Die Freude, die wir beim kreativen Gestalten eines Gartens empfinden, ist dabei ein angenehmer Nebeneffekt – was auch für die Genüsse gilt, die wir dort anbauen. In einem florierenden, üppigen und damit automatisch schönen Garten können Geist und Körper tatsächlich in Wohlbehagen schwimmen.

Gärtnern für die Sinne ist Gärtnern aus reinem Genuss. Gerüche, Geschmäcke, Farben, Klänge und Texturen locken unzählige Lebewesen an – fliegende wie krabbelnde, hüpfende wie kriechende. Sie bieten im Gegenzug Ihrer Nase, Ihrem Mund, Ihren Augen, Ohren und Händen Abwechslung. Ein erhöhtes Bewusstsein für Sinneseindrücke im Garten beschäftigt den Geist. Und Pflanzen, die mindestens einen Sinn ansprechen, sind einfach interessanter als andere.

In diesem Buch geht es darum, sorgfältiger über seinen Garten nachzudenken und bewusstere Entscheidungen zu treffen, die zu einer Wertschätzung der kleinen Dinge führen. Ein pflegeleichter Strauch, der wenig Arbeit macht, ist schön und gut und schützt vielleicht sogar vor neugierigen Blicken, aber macht er auch zufrieden? Warum nicht eine Gemeinschaft aus Pflanzen anlegen, die sich gegenseitig unterstützen, mehr als einen Sinn anregen – und nur deshalb »pflegeleicht« sind, weil ihnen die Bedingungen im Garten behagen. Wenn die Pflanzen sich entfalten, gedeihen auch Sie. Und erst dadurch erwacht Ihr Garten so richtig zum Leben.

EINEN GARTEN FÜR DIE SINNE ANLEGEN

Einen Garten für die Sinne anlegen

Unsere Sinne überlappen sich in der Regel wie ein Venn-Diagramm aus der Mengenlehre. Geruch und Geschmack hängen eng zusammen, und Texturen nehmen das Auge ebenso in Anspruch wie die Tastrezeptoren der Fingerkuppen. Kurzum: Pflanzen sprechen mehrere Sinne an. Äpfel, Birnen und Quitten verlangen förmlich danach, in die Hand genommen zu werden: Eine Birne sieht am Baum reif aus, doch wenn der Stiel sich nicht löst, braucht sie noch etwas Zeit. Quitten, die wie überdimensionierte gelbe Birnen anmuten, sind steinhart und benötigen Wärme, um weicher zu werden. Ihr großer Vorzug ist der Duft: Bringt man sie nach drinnen, machen sie sich durch anhaltenden Wohlgeruch bemerkbar. Weniger angenehm ist der Geruch des Verfalls: Kohl verströmt ein übel riechendes Gas, wenn er älter wird, und sollte nicht lange liegen.

Sehen, Riechen und Berühren ebnen den Weg für das Schmecken. Wer Nutzpflanzen beim Werden zusieht, erlebt und begreift ihre allmähliche Entwicklung zu optimaler Reife und Geschmack. Pflegt man ein Radieschen von der Aussaat bis zum Teller, wird klar, warum manche Frischkostfanatiker ihren Salat nur leicht angemacht und mit den Fingern essen: Sie wollen Geschmack und Textur in ihrer sinnlichsten Form erleben.

Selbst wenn Sie eine Pflanze wegen eines einzigen Sinneseindrucks kultivieren, kommen bald die anderen vier ins Spiel. Statt nur eine einzige Rosen- oder Liliensorte zu züchten, gönnen Sie sich lieber viele. Anfangs mag der Duft Anreiz sein, aber bald werden Sie merken, dass Ihnen Textur und Aussehen ebenfalls gefallen. Vielleicht setzen Sie Stockrosen vor eine Wand, weil sie mit Gebäuden harmonieren, doch bald werden Sie die vielen Hummeln beobachten, die sie besuchen, oder zusehen, wie sich die Knospen von unten nach oben öffnen. Das gilt auch für Fingerhüte, die in eine natürliche Pflanzung passen und wie geschaffen dafür zu sein scheinen, einen Hummelkörper zu umschließen.

Stockrosen erwecken Gitter und Wände mit ihren Farben und einem üppigen Angebot an Pollen zum Leben.

Es ist hilfreich, Nützlinge in allen Phasen ihres Lebenszyklus zu kennen, damit man sie als willkommene Gartenhelfer identifizieren kann. Hier eine Marienkäferlarve, eine eifrige Blattlausvertilgerin.

Mehr ist mehr

Beim Gärtnern für die Sinne geht es mehr um üppige Fülle denn um Präzision. In einem nachdenklichen Essay über Häuser und Gärten riet Robert Louis Stevenson 1898, die Natur in Ruhe zu lassen, statt sie zu orchestrieren: »Der Gartenfreund sollte Müßiggänger sein.« Davon nimmt er nur den Küchengarten aus, einen idealen Ort für alle, die gern zu tun haben. Hier regiert die Produktivität, hier mischen Blüten sich ungehemmt mit Obst und Gemüse. Er ist eine Art Paradies für die Sinne. Weil Vielfalt so wichtig für den Boden und die Gesundheit der Pflanzen ist, sollte man einen gemischten Garten anstreben, ganz gleich, wie groß er ist und ob er das Präfix »Küchen-« bekommt oder nicht. Bei der Bepflanzung kann man den Geschmack oder das Aussehen – oder beides – in den Mittelpunkt stellen. Zucchini, Johannisbeerbüsche und Erdbeeren eignen sich vorzüglich als Bodendecker. Sie stabilisieren den Boden, locken Bestäuber an und nähren Vögel: Es gibt keine Pflicht, alles selbst zu verspeisen. Überschüsse kann man mit anderen teilen – Großzügigkeit tut gut und gilt als ein Schlüssel zur Zufriedenheit. Statt alles in den Restmüll zu werfen, gewöhnen Sie sich lieber an, den Komposter mit Garten- und Küchenabfällen zu füttern.

Einen Gang zurückschalten

Wer den Kreislauf des Lebens beobachten möchte, muss entschleunigen. Eine Mikrosicht auf die Welt beschäftigt alle Sinne. Eine Möglichkeit, durchzuatmen und zurückzutreten, besteht darin, Nützlinge zu erkennen, die ihre Tugenden nicht so offenkundig zur Schau stellen wie Bienen und Schmetterlinge – immer in dem Wissen, dass »Schädlinge« schon lange vor der Erfindung der Pestizide von Fressfeinden im Zaum gehalten wurden. Wer seinen Freiluftraum von Nahem besieht, gibt Kleingärten, Einfahrten und sogar Schutthaufen neue Bedeutung. Begreifen Sie heimische Wildblumen und Pflanzen, die sich

Ein kunterbunter Mischgarten lockt mehr Insekten und Bodenmikroben an.

Wer wilde Brombeersträucher zulässt, wird mit Brombeeren belohnt, aber auch mit Lebensraum und Nahrung für Insekten. Und wer Raupen hinnimmt, wird mit Faltern und bestäubten Blüten belohnt.

selbst angesät haben, als nützliche Bodendecker statt als Unkraut, dann sehen und hören Sie mehr. Es stellen sich zum Beispiel frühe Hummeln ein, zu denen später Schwebfliegen, Marienkäfer und Raubwespen dazustoßen, die alle ihre Vorzüge haben. Insekten und Bodenbewuchs locken Vögel an, befestigte Flächen nicht.

Sind die Sinne wach, verschmelzen Gärten und Landschaften. Wenn Sie die Aktivitäten in Ihrem eigenen Grün besser wahrnehmen, wird auch die Umgebung interessanter. Vogelgezwitscher, ob vor dem Schlafzimmerfenster oder in den Bäumen, verstärkt die Frühlingseuphorie. Indem Sie Ihren Garten als Konzentrat der Landschaft um Sie herum sehen, lernen Sie leichter von beiden – durch Hinsehen und Zuhören.

Dem Fluss der Natur folgen

Bestimmte Düfte markieren die Jahreszeiten: Die »Fliederzeit« lässt sich mit Fliederhecken ebenso genießen wie mit üppigeren Gartensorten. Wer jedoch sieht, wie Flieder, Rhododendron und Schneeball unkuratiert wachsen, will das vielleicht in seinem Garten übernehmen. So vermeidet man, einen Großteil des Jahres mit einem langweiligen Strauch an einem zentralen Platz leben zu müssen. Befreien Sie sich von Zwängen und erkennen Sie, dass die ganze Natur ein Garten ist (wie Horace Walpole um 1780 in seinem Porträt des Gartenarchitekten William Kent schrieb).

Mit Bedacht auswählen

Durch sorgfältige Auswahl der Pflanzen behalten Sie die Kontrolle über Ihren Garten. Ein Schmetterlingsstrauch, typischer Bewohner von Bahndämmen, mag nicht unbedingt Ihr Lieblingsgewächs sein, aber wenn Sie eine dunkelviolette Sorte oder eine mit feinerem Duft auftreiben, gewähren Sie ihr vielleicht doch ein Bleiberecht. Auch die Schmetterlinge, die sich dann einstellen und Ihren Garten in Bewegung halten, werden nicht unwillkommen sein. Wildblumen sind großartig, wenn man sie

Der Amerikanische Amberbaum (*Liquidambar styraciflua*) bereichert große Gärten mit herbstlicher Verve.

Hummeln passen perfekt in die Blüten von Fingerhüten. Ihnen bei ihrem geschäftigen Treiben zuzusehen ist faszinierend – sofern man sich die Zeit dafür nimmt.

mit edlen Zuchtblumen kombiniert, die Sie ihrer blendenden Schönheit oder ihres großartigen Duftes wegen ausgesucht haben. Eine wichtige Rolle spielt dabei die Textur: Die »Wilden« behaupten ihren Platz zwischen dominanteren Silhouetten und Blattformen. Lassen Sie sich bei der Pflanzhierarchie von Ihrem Auge ebenso leiten wie von Ihrer gärtnerischen Erfahrung. Schon Vita Sackville-West konnte es nicht ertragen, wenn der Giersch seine unansehnlichen Blätter zwischen Schwertlilien hervorschob. Hier hässlich, da schön … das hat auch mit dem Widerstreit zwischen dem Unkontrollierbaren und dem Verlässlichen zu tun.

Markante Blattformen neben einem Weg fesseln die Aufmerksamkeit, wenn Blüten noch schlummern, etwa *Arum italicum* mit geflecktem, glänzendem Laub, *Geranium phaeum* mit geteilten Blättern oder, zart und robust zugleich, *Epimedium*. An schmalen Wegen fesselt alles, was in ihn hineinwächst, stärker die Aufmerksamkeit. Wer jedes Fleckchen nackter Erde begrünt, schützt sie zugleich. Bei Massenpflanzungen lassen sich einzelne Ausfälle, etwa durch einen Sommersturm, verschmerzen. In *Des Sommers ganze Fülle* erinnert sich Laurie Lee an den Cottage-Garten seiner Mutter im englischen Slad. Dort habe ein solches Blütenchaos geherrscht, dass sogar Bienen und Vögel verwirrt gewesen seien. Später habe die Gartenfülle noch das Landhaus geziert, bevor sie verspeist oder als Strauß genutzt wurde.

… und entspannen

Ein Garten für die Sinne ist ein Garten mit Atmosphäre. Er verträgt selbst Nesseln und einige Disteln. Überhaupt erhöht reiches pflanzliches Leben anstelle konventioneller Gartenkultur den sinnlichen Genuss. Das Potenzial an Gerüchen, Texturen und Augenweiden ist so groß, dass sogar Menschen, denen ein Sinn fehlt, Befriedigung finden. Wer sich einmal dabei ertappt, dass er nach Einbruch der Dunkelheit gärtnert, weiß, dass er alles richtig gemacht hat.

Margeriten, Rote Lichtnelken, Akelei, Fenchel und Woll-Ziest vermengen sich mit anderen Wildblumen.

DIE SINNE

BERÜHREN

Berührungen während der Gartenarbeit geht oft eine Entscheidung voraus: Soll ich den Beinwellstängel mit seinen Millionen Härchen anfassen und riskieren, dass sich eines davon in meine Haut bohrt, oder soll ich mir vorher Handschuhe anziehen? Hat man es dagegen mit Wolfsmilch zu tun, ist die Sache klar: Direkter Kontakt wäre töricht.

Allerdings lernen Gartenbesitzer Pflanzen durch direkten Kontakt überhaupt erst kennen und be-»greifen« dadurch die Textur in ihrem Garten, die den Pflanzen ihre Form, Struktur und Bewegung gibt und letztlich für die Sinne da ist. Auch Zehen können viel berühren, sofern man ihnen die Gelegenheit dazu gibt. Bringen Sie sie deshalb sowohl mit dem Grün in Ihrem Garten als auch mit seinen baulichen Elementen in Kontakt.

Beinwell gehört zu den Raublattgewächsen (*Boraginaceae*). Die Bandbreite dieser Familie reicht von der Schminkwurz mit ihren hautreizenden Borsten bis zum weichen, lieblichen Vergissmeinnicht und dem essbaren, wenn auch haarigen Borretsch. Die sterile Beinwellsorte 'Bocking 14' ist ein vorzüglicher Dünger und Bodenverbesserer.

Berühren oder nicht berühren

Eine altehrwürdige Wisteria mit ihrem gedrehten, schlangenartigen Stamm und den Trauben, die amethystblaue Blüten regnen lassen, verleiht einem Anwesen Würde. Wer dieses Gewächs pflanzt, entscheidet sich für Dauerhaftigkeit und eine gewisse Grandezza. Aber die Beziehung ist wechselseitig: Damit eine Wisteria tut, was Sie von ihr verlangen, müssen Sie sich mit ihren biegsamen Trieben, den Unmengen an Blättern und dem in jeder Saison erstaunlich kräftigen Neuaustrieb vertraut machen. Sie müssen zweimal im Jahr auf eine Leiter steigen, sich mit den Händen durch die Pflanze wühlen und sachkundig entscheiden, was zu schneiden und anzubinden ist. Diese Arbeit erledigen Sie am besten ohne Handschuhe. Sie können natürlich einen Profi dafür bezahlen – aber warum soll jemand anderer den ganzen Spaß haben?

Der Schnitt eines Gehölzes ist eine Art Restaurierung, die ebenso erfüllend sein kann wie das Abtragen der Schichten eines Hauses oder die Verbesserung seiner Funktionalität – nur noch besser, denn der Weg ist ebenso befriedigend wie das Ergebnis. Zudem hat man es mit einer Pflanze und nicht mit Tapeten zu tun. Ob Handschuhe oder nicht, ist jedermanns freie Entscheidung, doch wenn sie nicht unbedingt notwendig sind, lohnt es sich, sie auszuziehen. Den eigenen Garten lernt man am besten durch Stupsen, Drücken, Zupfen mit den bloßen Händen kennen; beim Ausreißen leicht zu bekämpfender Unkräuter wie Greiskraut, das wenig Widerstand leistet, gehört auch das Sehen mit dazu. Wenn Sie Gras im Kiesgarten ausreißen, bemerken Sie andere interessante Dinge. Nicht alle sind Unkräuter. Besorgen Sie sich Kniepolster und bleiben Sie eine Weile in Bodennähe.

Damit Wisterien gut blühen, rückt man ihnen am besten zweimal im Jahr zu Leibe. Passende Ausrüstung dafür: die bloßen Hände und eine scharfe Gartenschere.

Manchmal aber kann gerade die Unordnung den Reiz eines Gartens ausmachen, wie in Frances Hodgson Burnetts

Werk *The Secret Garden*, in dem die Tür unter einem Vorhang aus Efeu aufschwingt und alte Rosen zwischen Grasgewirr wachsen, von Bäumen hängen, über Mauern klettern oder von ihnen kaskadieren. Doch auch der Boden spielt eine Rolle. Als die Protagonistin Mary ihre Hände in frisch gewendete Erde gräbt, freundet sie sich mit einem Rotkehlchen an, das ihr den verborgenen alten Gartenschlüssel zeigt. Schmutz unter den Fingernägeln ist für Gärtner ein Ehrenzeichen. Mit frischem, selbst angesetztem Kompost in Kontakt zu treten, ist schwierig, wenn er eine Armlänge entfernt auf dem Spaten liegt oder man ihn mit neuen Handschuhen hochhebt.

Anfassen, ja bitte

»Nicht anfassen!« Schon von früh auf werden wir darauf geeicht, die Finger von Pflanzen zu lassen, wenn wir nicht gerade gärtnern. Dabei kann ein Garten erstaunlich weich sein, vor allem heute, wo Gräser so hoch im Kurs stehen. Sie locken in eine watteweiche Welt, angefangen von den silbrig weißen »Federborsten« von *Pennisetum villosum* über die fedrigen Blütenstände von *Stipa tenuissima* bis zu den seidigen Quasten von *Miscanthus sinensis*. Gräser wie *Hakonechloa macra* und das höhere *Sesleria autumnalis* bilden unwiderstehliche Zottelteppiche – und unterdrücken nebenbei auch noch Unkraut. An schattigeren, geschützteren Stellen können Farne diese Aufgabe übernehmen, denn sie sind zäh und weich zugleich, etwa der Wald-Frauenfarn (*Athyrium filix-femina*) oder der Weiche Schildfarn (*Polystichum setiferum*).

Mit den großen, weichen Blättern der Königskerze wurden früher Schuhe ausgepolstert. Der silbrig grüne Woll-Ziest (*Stachys byzantina*) eignet sich gut als naturnahe Saumbepflanzung und ist fast unwirklich weich, vergleichbar mit

Finger weg: Der Gewöhnliche Natternkopf und die Distel an seiner Seite bilden ein schönes, aber auch heimtückisches Paar.

Weidenkätzchen. Auch die Katzenminze fühlt sich angenehm an, vor allem für Katzen, noch besser aber ist die Blauraute (*Perovskia* 'Blue Spire') aus dem gleichen silbrig-violetten Farbspektrum. Ihre Stängel und Kelche sind filzig behaart und drahtig wie Pfeifenputzer. Sie trotzen jedem Winter und bleiben in dieser Zeit wie bleiche Geister im Garten stehen. Eine – allerdings nicht winterharte – Alternative ist *Salvia confertifolia* mit scharlachroten, samtigen Stängeln und Blütenkelchen.

Moos wird im Westen zu Unrecht dämonisiert, dabei formiert sich aus einer von japanischen Gärtnern mit Geschick zusammengestellten Kombination verschiedener Arten eine samtig-buckelige grüne Steppdecke. Ausgezeichnet dazu passt ein Bächlein oder Mini-Wasserfall. Auch harmonieren die wolkenförmigen Hügel von Moos bestens mit den knallroten oder erbsengrünen Blättern von *Acer palmatum* und den Nadeln von Zwerg-Kiefern. In alten Wäldern findet man haarigere Moose; sie gedeihen dort im düsteren Schatten von Bäumen und umgefallenen Stämmen. Sie anzufassen fühlt sich an, als würde man einen zottigen Bobtail streicheln.

Schierling, Stacheln, Schneckenschleim

Die freie Natur mit unzähligen Wildblumen und ungehemmt wuchernden Unkräutern kann aber auch fast Angst machen. Der giftige Schierling ähnelt dem Wiesen-Kerbel und Bärenklau. Darf man sie berühren? Den Wiesen-Kerbel schon, den Bärenklau, Riesen-Bärenklau und Schierling nicht. Nach dem Hochsommer verliert die Landschaft ihr frisches Grün, und Wildpflanzen tragen nicht mehr nur Dornen, Stacheln und Brennhaare, sondern sehen auch aus, als könnten sie sich um uns winden und uns ins Verderben ziehen. Wer abseits ausgetretener Wege wandert, kommt direkter mit der Natur in Kontakt: Sie scheint sich nach uns zu strecken, selbst wenn man sie zu meiden versucht. Thomas Hardy beschreibt das in seinem Werk *Tess von den d'Urbervilles*. Er schildert, wie die Protagonistin katzengleich durch üppigen Wuchs streicht, dabei mit ihrem Rock Kuckucksspeichel einsammelt, Schnecken zertritt und sich die Hände mit Distelmilch und Schneckenschleim befleckt.

Prunus spinosa hat eine dunkle, von langen, schaurigen Dornen geprägte Silhouette. Es war eine verzauberte Schlehe im Verbund mit einem außer Rand und Band geratenen Brombeerstrauch, der *Dornröschen* hundert Jahre lang allem Zugriff entzog. Die Schlehe ist im Frühjahr ein wahrer Wechselbalg. Sie trumpft zunächst mit strahlend weißen Blütenwolken auf, bevor das frischgrüne Laub erscheint. Die Dornen sind ein dekorativer Schutz vor Eindringlingen, sodass Schlehen undurchdringliche Hecken bilden mit dem Bonus von Blüten und Beeren. Zu einem märchenhaften Dornenwall tun sich auch der im Frühjahr blühende Weißdorn *Crataegus persimilis* 'Prunifolia' und die Rose 'Scharlachglut' zusammen. Letztere wartet im Sommer mit hellroten Blüten auf, die sie im Herbst mit vasenförmigen Hagebutten toppt.

Einige der romantischsten alten Rosen tragen Knospen, die so mit borstigen Blattauswüchsen besetzt sind, dass man sie Moosrosen nennt. Die Stacheldrahtrose (*R. sericea* 'Ptera-cantha') wiederum lässt im Winter durchscheinende rote Stacheln leuchten, die wie Reihen aus Haifischflossen aussehen – oder eben wie Stacheldraht. Die Bibernell-Rose (*Rosa spinosissima*) mag nicht die stacheligste aller Rosen sein, doch ihre Hagebutten tragen statt des üblichen purpurroten Mänteleins ein verführerisches Schwarz. Eine der exzentrischsten stacheligen Rosen ist die Igel-Rose, *R. rox-*

Rosa sericea 'Pteracantha', die Stacheldrahtrose, trägt ungefüllte weiße Blüten. Ihren großen Auftritt aber hat sie im Winter und zeitigen Frühjahr, wenn ihre Triebe im Gegenlicht der Sonne leuchten.

burghii, mit abblätternder Borke und runden Hagebutten, die eher wie stachelige Kastanienhüllen aussehen und für kaum jemanden von Nutzen sind, vor allem nicht für Vögel.

Nutzen Sie mehr Ihre Füße

Ein Kamillerasen ist eine gute Idee, wenn man den Geruch mag und die Disziplin aufbringt, Gräser, die unweigerlich dazwischen wachsen, auszureißen. Thymian ist strapazierfähig, wird aber besser in Pflasterritzen gepflanzt, wo die nackten Füße heiße Platten und kühlen kriechenden Sand-Thymian im Wechselbad genießen können. Eine Herausforderung (die sich im Sommer auszahlt) ist es, einen Weg durch den Garten zu planen, den man mit nackten Füßen begehen kann, etwa von der Gartentür zu den Hotspots im Grünen, ohne auf Kies oder etwas anderes treten zu müssen, was den Schritt verlangsamt.

Kinder lieben Rasen. Er ist ideal zum Ballspielen oder für andere Vergnügungen wie Partys. Allerdings muss er dafür trocken genug sein. Auch zum Sitzen oder Liegen eignet sich Rasen eigentlich nur nach längeren warmen Wetterperioden. Wer in unseren Breiten ein Picknick oder einen Grillabend plant, beschwört leider Regen fast schon herauf. Sobald Torpfosten und Trampolin im Garten nicht mehr gebraucht werden, ergibt es daher wenig Sinn, eine große Rasenfläche mit leblos geschorenem Gras noch länger zu behalten. Eine berührungsfreundlichere Alternative wäre, ihn nur teilweise zu mähen, sodass man bei Hitze durch die Lichtungen laufen und die harte Erde unter den Füßen spüren kann. Die freien Flächen könnten Wege enthalten, die zu Sitzbereichen führen. Und diese wiederum könnte man mit Pflanzen säumen, die etwas lichter, lockerer und höher sind als Rasen.

Pflasterritzen begrünt man am besten anfangs selbst und überlässt der Natur dann das weitere kunstvolle Prozedere der Lückenfüllung. Nackte Erde ist eine Extraeinladung für Unkräuter, sich häuslich niederzulassen.

IM FOKUS

Der Boden

Keine Handschuhe parat zu haben, wenn es Dringendes im Garten zu tun gibt, ist nicht schlimm. Gärtnern ohne Handschuhe ist zwar nicht jedermanns Sache und erfordert etwas mehr Umsicht und damit Zeit. Doch dieses Slow-Gärtnern hat auch seine Vorteile: Je länger Sie mit dem Erdreich hantieren, desto stärker sind Sie seinen Mikroben ausgesetzt.

Die lange vernachlässigten Bodenmikroben haben sich in den letzten Jahren Respekt erworben, weil sie Kohlenstoff aus der Atmosphäre binden. *Mycobacterium vaccae* tut Pflanze und Mensch gut. Wenn es in unseren Körper gelangt, bringt es die Bakterienpopulation in unserem Darm dazu, unser Gehirn zur Bildung von mehr Serotonin anzuregen. Mehr Serotonin wirkt sich positiv auf die Stimmung, die kognitiven Fähigkeiten, den Schlaf und die Verdauung aus und stärkt zudem unser Immunsystem. Letzteres ist auch unserer psychischen Gesundheit zuträglich.

Schon *M. vaccae* einzuatmen hilft – und körperliche Anstrengung im Garten erhöht die Aufnahme zusätzlich. *M. vaccae* ist auch in Nutzpflanzen enthalten, die wir im Garten anbauen. Kinder wissen instinktiv, was gut für sie ist: Sie spielen von früh auf gern im Dreck, kommen so mit *M. vaccae* in Kontakt und stärken ihr Immunsystem lebenslang.

Lassen Sie die Gartenhandschuhe liegen und greifen Sie ungeschützt ins Erdreich. Der Boden ist voller nützlicher Bakterien, die unser physisches und psychisches Wohlbefinden erhöhen.

Untergrundbewegung

Dicht bewachsener Boden speichert Kohlenstoff und verhindert, dass er in die Atmosphäre gelangt. Indem wir Böden schützen und verbessern, erhöhen wir die Fotosyntheserate der Pflanzen, sodass sie mehr Kohlenstoff binden. Um die Pflanzenwurzeln herum ernähren sich Mikroorganismen vom Zucker, der bei der Fotosynthese entsteht, und versorgen die Gewächse im Gegenzug mit Mineralien. Eine hohe Biodiversität steigert die Aktivität der Mikroorganismen.

Die Wissenschaft des Berührens

Wenn wir etwas berühren oder etwas uns berührt, spüren wir das über Rezeptoren in unseren obersten Hautschichten. Diese Rezeptoren nehmen verschiedene Reize wie Temperatur, Druck oder Schmerz wahr. Die so gesammelten Informationen werden an das zentrale Nervensystem weitergeleitet, also das Gehirn und das Rückenmark (in dieser Reihenfolge). Bei einem Stich, einem Biss oder einer Verbrennung umgeht der Reiz das Gehirn, rast ohne Umwege in das Rückenmark und verursacht einen Reflex. Erst wenn der betroffene Körperteil weggezogen wurde, sammelt das Gehirn Informationen über das, was da gerade passiert ist.

Wie reagiert eine Pflanze, die nicht in der Lage ist, sich von einer Gefahrenquelle wegzubewegen? Wenn jemand auf sie zukommt, um sie zu wässern oder zu schneiden oder ihr kostbares Licht wegnimmt, bereitet sie sich auf das Schlimmste vor. Immer wenn sie von einem Menschen, einer anderen Pflanze oder einem Pflanzenfresser berührt wird, läuft in ihr eine physiologische Reaktion ab, die Teil ihres Warnsystems ist. Das kostet sie Energie, die dann nicht mehr für das Wachstum zur Verfügung steht. (Pflanzen haben aber auch einen Mechanismus, der diese Reaktionen abstellt.)

In der Regel wächst eine Pflanze zum Licht, selbst wenn das – aus menschlicher Sicht – bedeutet, dass sie eine weniger schöne Form annimmt. Wir wollen, dass Pflanzen eine kräftige, stämmige Gestalt haben und nicht eine hohe, langtriebige, vor allem, wenn es um Einjährige geht. Die Triebspitzen von Duft-Wicken etwa werden nach dem Austrieb der ersten echten Blätter abgezwickt, damit die Pflanzen buschiger wachsen und viele Seitentriebe für reiche Blüte bilden. Dagegen kann eine Pflanze natürlich nicht protestieren. Ironie des Ganzen: Die Misshandlung macht sie zäher und kräftiger.

Duft-Wicken wachsen zum Licht. Indem wir sie anbinden und ihre Triebspitzen abzwicken, zwingen wir sie, das zu tun, was wir wollen.

Für das gute Gefühl

Mitunter beschließen Gartenbesitzer, sich in ihrer Palette zu beschränken und einen Garten mit einem Farbthema anzulegen. Das heißt nicht zwangsläufig, dass sie sich auf eine einzige Farbe beschränken – auch Vita Sackville-West beschrieb ihren weltberühmten Weißen Garten als grauen, weißen und grünen Garten. Allerdings kommt in einer solchen Anlage der Textur mehr Bedeutung zu. In einer Welt, in der man oft die Qual der Wahl hat, ist es eine gute Übung, das eine zu beschränken, um das andere besser erkunden zu können. In einem Farbgarten werden die unterschiedlichen Vorzüge von Trieben und Blättern offenkundiger, aber auch Strukturen und Größen bekommen mehr Gewicht. Die nächste Stufe wäre ein rein grüner Garten. Er klingt für alle, die viel Farbe mögen, eintönig, ist aber eine faszinierende Kulisse für wohlbedacht ausgewählte Materialien wie einen Steintrog, eine Zinkwanne, ein Pflaster oder eine Kiesfläche, in der farbenfrohe Zwiebelpflanzen einmal im Jahr ihren großen Auftritt haben, um anschließend wieder spurlos zu verschwinden.

Manches Gemüse ist so taktil, dass es, wenn schon nicht zum Ernten, so doch zum Berühren einlädt. Dazu gehört der glänzende Mangold – insbesondere die bunten Sorten mit Stängeln in leuchtendem Senfgelb oder Knallrosa – im Gegenlicht der tief stehenden Wintersonne. Da Mangold immer wieder neu austreibt, bleibt sein Reiz auch dann erhalten, wenn man ein paar Blätter erntet. Schon das Pflanzen von nur zwei Petersilienformen – der glattlaubigen und der krausen – ist eine Lektion in Textur und Kontrast. Im Kräutergarten harmonieren Zwiebeln mit filigranem Laub gut mit solchen, die duftende, ausgreifende Matten bilden, etwa der teils rote, teils grüne Kugel-Lauch (*Allium sphaerocephalon*) über einem Teppich aus goldgelbem Majoran. Die wächser-

Mangold lädt zum Berühren ein, vor allem die Sorten in leuchtenden Regenbogenfarben.

nen Blüten und blau bereiften Blätter der Tulpen begegnen spätwinterlichen Gemüseformen wie dem krausen, gummiartigen Schwarzkohl oder dem seidigen, dunkelroten Radicchio.

Manche Gehölze haben Stämme, die viel zu einladend sind, um nicht berührt zu werden. Der Zimt-Ahorn (*Acer griseum*) ist ein eher kleiner Baum mit rostroter, abblätternder Borke. Jedes Mal, wenn man an ihm vorbeigeht, ist man versucht, etwas davon abzuschälen. Die Anhänger der Mahagoni-Kirsche (*Prunus serrula*) lassen sich in zwei Gruppen unterteilen: jene, die ihre Borke abziehen, und jene, die zusehen, wie sich die Streifen einrollen und von selbst lösen. Dagegen ist die Borke der Edelkastanie (eher in Wäldern oder Parks anzutreffen) spiralig texturiert, als würde sie sich nach oben winden. Die Äste enden in langen, lanzettlichen, gezähnten Blättern und hellgrünen, ausgesprochen stacheligen Früchten mit seidig weichen, essbaren Nüssen.

Der Winter ist die beste Zeit, Borken und Baumformen zu genießen (allen voran kopfgeschneitelte Weiden, die im Frühjahr frohgemut wieder austreiben). Jetzt belohnen auch grasige Staudengärten die Geduldigen, denn so richtig attraktiv werden sie erst weit nach dem Hochsommer. Einen Kontrapunkt zu Gräsern setzt Lauch, etwa der riesige Zierlauch *Allium* 'Summer Drummer' zum massiven, goldblütigen oder der metallische Sternkugel-Lauch (*Allium christophii*) zu *Miscanthus sinensis* 'Morning Light'. Der Vorteil dieser Kombinationen ist, dass auch die Samenstände lange ansehnlich bleiben und das Gras das Laub des Lauchs kaschiert, wenn es welkt. Lange ausharrende Wintergräser sind *Calamagrostis* x *acutiflora* 'Karl Foerster' und *Pennisetum macrourum*. Dem Federgras (*Stipa*) tut Kämmen gut. Sie können es säubern, indem Sie einfach mit den Fingern hindurchfahren.

Gräser wie *Pennisetum macrourum* vertrocknen im Winter und setzen als stolze Strohskulpturen den ganzen Winter lang Zeichen im Garten.

»Das ist das
unsäglich Wohltätige
von der Natur,
dass Seelenwunden
wie körperliche heilen.«

Adalbert Stifter, *Brief an Gustav Heckenast*, 1866

Pflanzen zum Berühren

Tangutische Himbeere
Rubus cockburnianus

Eine rein »dekorative« Himbeere? Schon seltsam. Aber wenn man im tiefsten Winter verzweifelt nach etwas Abwechslung im Garten Ausschau hält, ist diese weißtriebige Art ein willkommener Anblick. Unter ihrer geisterhaften Blässe verbirgt sich ein rotes Unterkleid. Es passt gut zu den feurigen Trieben des Roten Hartriegels (*Cornus sanguinea*), dessen Neuaustrieb nach dem Schnitt rot und bernsteingelb leuchtet. Aus der Ferne besehen wirkt *R. cockburnianus* elegant verworren.

Volle Sonne, durchlässiger Boden.

Herzblume *Dicentra*

Die wie Anhänger von gebogenen Trieben hängenden Blüten der Zwerg-Herzblume (*Dicentra formosa*) laden ebenso zum Berühren ein wie das farnartig gefiederte Laub. Dagegen wirken die Blüten von *D. cucullaria* wie weiße Hauben, was der Art den Namen Kapuzen-Herzblume eingebracht hat. Das »Tränende Herz« (*D. spectabilis*) mit rosa-weißen Blüten wurde einer eigenen Gattung zugerechnet und in *Lamprocapnos spectabilis* umbenannt.

Diese Waldpflanzen brauchen geschützte Standorte und durchlässige Böden.

Kürbis *Cucurbita*

Derart dekorative Früchte müssen nicht unbedingt verspeist werden, dennoch schmecken manche nicht nur, sondern sehen auch gut aus. Hartschalige Winterkürbisse sind zum Teil knotig ('Red Kuri'), zum Teil glatt ('Crown Prince' mit graugrüner Schale). Nicht minder taktil präsentieren sich Sommerkürbisse wie Patissons oder eigentümlich längliche Formen wie *C. moschata* 'Tromboncino'. Wer sie an tragfähigen Stützen zieht, spart Platz und sorgt dafür, dass die Früchte gut belüftet werden.

Nicht winterhart, durstig, hungrig, braucht viel Platz. In gut vorbereitete Böden setzen.

Gewöhnliche Küchenschelle
Pulsatilla vulgaris

Küchenschellen werden nur 20 cm hoch, tragen aber große, lila Blüten, leuchtend gelbe Staubblätter und fiederteilige Blätter. Ihre seidigen, silbrigen Knospen und Stängel lassen erahnen, welche Samenstände zu erwarten sind. Sie halten nach dem Verblühen monatelang und entwickeln sich zu Kugeln aus langen, weichen, silbrig braunen Fasern. Küchenschellen lassen sich gut mit anderen Kiesgartenpflanzen kombinieren.

Sehr gute Drainage, volle Sonne, verträgt auch exponierte Standorte.

Von oben im Uhrzeigersinn: *Himbeeren mit weißen Ruten, Küchenschelle, Tränendes Herz.*

»Das Rainfarn-Büschelschön ist eine Pflanze, die sich selbst aussät.«

Artischocke ***Cynara scolymus***

Die Artischocke sei eine essbare Distel, schrieb die englische Kochbuchautorin Jane Grigson, bevor sie darlegte, wie man an sie herangeht. Dieses zaghafte »Herangehen« ist typisch für Gartennovizen. Alte Hasen hingegen zupfen mit Inbrunst die Hüllblätter von jungen Blütenknospen und tauchen sie in zerlassene Butter. Eine blühende Artischocke ist eine distelähnliche Extraeinladung für Bestäuber. *Cynara scolymus* wird wegen der ausladenden, silbrigen Blätter kultiviert, die leicht abbrechen und viel Platz benötigen.

Langlebige Staude, braucht tiefgründigen, fruchtbaren Boden und volle Sonne.

Rainfarn-Büschelschön ***Phacelia tanacetifolia***

Mit dem Begriff »Gründünger« ist das herrlich detailreiche Rainfarn-Büschelschön nur unzureichend beschrieben. Und doch ist genau das einer seiner Vorzüge: Wird sein niedriges, farnartiges Laub vor der Blüte im Hochsommer in den Boden eingearbeitet, reichert es ihn mit Stickstoff an. Es lohnt sich jedoch, ein paar Exemplare stehen zu lassen, um sich an ihrem Blütenputz zu erfreuen und zu beobachten, wie Bienen sich an den Staubfäden vorbeikämpfen. Die Einjährige sät sich selbst aus, ist mit Borretsch verwandt und bezieht wie er gern dauerhaft Quartier im Garten.

Volle Sonne oder Halbschatten, durchlässiger Boden.

Dill ***Anethum graveolens***

Die jung hellgrüne Pflanze trägt feingliedriges Laub, das nicht so zart ist, wie es aussieht. Dill ist ein flüchtigerer Gartengast als Fenchel und dessen hungriger Verwandter, der Riesenfenchel. Er lockt Bestäuber im Stillen an und wächst frohgemut in einer Reihe oder einem Block im Gemüsegarten, idealerweise in großer Zahl, damit er Beachtung findet. Verwendbar sind das Laub und die Samen. Floristen schätzen die intensiv gelben Dolden.

Feuchte Böden, volle Sonne. Nicht neben Fenchel pflanzen, da Kreuzung möglich.

Von oben im Uhrzeigersinn: *Dill, Rainfarn-Büschelschön, Artischocke.*

Mannstreu *Eryngium*

Wer es dornig mag, aber Respekt vor zu viel Dornen hat (wie sie etwa die gigantische Eselsdistel trägt), ist mit der formschönen Hochglanzdistel *Eryngium* gut bedient. Sie ist farblich zwischen Silber und Violett mit Grün und Blau als Zwischentönen angesiedelt und lässt sich gut mit weiteren, stark texturierten, aber weicheren Pflanzen wie Gräsern und Kräutern kombinieren, ja, sie braucht sogar direkte Nachbarn, denn sie fällt leicht um und kratzt beim Vorübergehen. Die borstigen Kegel tragen winzige Blüten über einer dornigen »Halskrause« aus dekorativen Hüllblättern.

Stark durchlässige Böden und volle Sonne (da die Farben dann intensiver leuchten).

Borretsch *Borago officinalis*

Essbar heißt nicht zwangsläufig wohlschmeckend – wer sich den Blütenstand eines Borretsch in den Mund steckt, weiß das. Die Kronblätter sind behaart und obwohl sie angenehm nach Gurke schmecken, sollte man der Textur wegen nur die Blüten verzehren. Stängel und Blätter sind borstig behaart, aber wer raue Texturen mag, kommt gut mit ihnen zurecht. Borretsch ist eine lange blühende Einjährige und mit dem Vergissmeinnicht verwandt.

Unerwünschte Sämlinge auszupfen.

Zwergkoniferen mehrere Gattungen

Sie kamen in den 1950er-Jahren als pflegeleichte Bodendecker in Mode. In einer Strauchrabatte mit Wacholder, Zypressen und Fichten lag das Augenmerk einst auf der Form, doch heute ist auch Bewegung gefragt. In den letzten Jahren feierten »strauchige« Nadelbäume dank ihrer faszinierenden Texturen und mitunter auch bizarren Silhouetten ein Comeback. Sie lassen sich gut mit Stauden und großlaubigen Blattschmuckpflanzen kombinieren. Zusammen mit immergrünen Gräsern bereichern sie winterliche Gärten um Texturen, wenn alle Farbe aus ihnen gewichen ist.

Volle Sonne bis Halbschatten, geschützte Standorte, gut durchlässige Böden.

Amarant/Fuchsschwanz *Amaranthus*

Sie setzen mit aufragenden Blütenständen wie bei *Amaranthus paniculatus* oder schwermütig hängenden wie bei *A. caudatus* Zeichen. *A.* 'Red Army' trägt dunkelrotes Laub, das zu den Blüten passt und den extremen Kontrast zwischen glattem Laub und knotigen Kolben unterstreicht. Amarant als Getreide (vor allem Samen von *A. caudatus*) ist glutenfrei und war einst eine wichtige Nahrungsquelle für die Azteken.

Nicht winterhart, braucht volle Sonne und durchlässige Böden.

Rechts: *Amarant.*

»Die Bereifung der sukkulentenartigen Blätter verschwindet, wenn man darüberreibt.«

Europäische Eibe *Taxus baccata*

Die Fähigkeit von Eiben, sich sogar aus dem Stock wieder zu regenerieren und damit Hunderte von Jahren alt zu werden, hat auch im Garten Vorzüge: Der Baum treibt selbst dann wieder aus, wenn man ihn radikal zurückschneidet. Formt man ihn zum Pfau und scheitert, macht man ihn eben zum Würfel. Alle Pflanzenteile sind giftig, harmlos ist nur das rote Fruchtfleisch um die toxischen Samen. Dennoch ist die Eibe viel zu gut, um sie nicht zu haben. Schützen Sie sich mit Handschuhen und räumen Sie den Schnittabfall weg, dann ist alles gut.

Wächst überall, sofern der Boden durchlässig ist.

Austernpflanze *Mertensia maritima*

Mit ihrem austernartig salzig-fischigen und sogar fleischigen Geschmack ist diese Pflanze ein echter Fischersatz aus der Gemüseecke. Die Bereifung der sukkulentenartigen, in Salaten verwendbaren, bis 20 cm hohen Blätter verschwindet, wenn man darüberreibt. *Mertensia maritima* gehört wie Borretsch und Beinwell zur Familie der Raublattgewächse (*Boraginaceae*), erkennbar an den blauen Blüten. Man erntet sie wie alle wasserhaltigen Salatblätter am besten morgens.

Wächst an Küsten, mag sandige, durchlässige Böden. Vor Nachmittagssonne schützen.

Seidenhaar-Königskerze
Verbascum bombyciferum

Sie garantiert zwei Jahre Textur: im ersten Jahr bodennah mit großen Rosetten aus silberfilzig behaarten Blättern auf Kies und in Pflasterritzen, im zweiten mit 2 m hohen Kerzen, die aus dichter weißer Wolle gewirkt zu sein scheinen und von leuchtend gelben Blüten durchsetzt sind. Ein Befall mit den Raupen des Königskerzen-Mönchs führt dazu, dass die Pflanze buchstäblich gekappt wird und sich zu einer Kerzenhalterform entwickelt. Sie sät sich stark selbst aus und bereichert selbst geometrischste Architektur um eine zwanglos-wilde Komponente.

Volle Sonne, offene Standorte, karge Böden und gute Drainage. Steckt Trockenheit weg.

Von oben im Uhrzeigersinn: *Eibe, Austernpflanze, Seidenhaar-Königskerze.*

Johannisbeere *Ribes*

Johannisbeeren sind ebenso schön anzusehen wie anzufassen. Wie Ohrringe hängen die Kügelchen zwischen rebenartigen Blättern an wohlgeformten Sträuchern. Die Blätter der Schwarzen Johannisbeere (*R. nigrum*) enthalten ätherische Öle. Am glasigsten wirken die Früchte der Roten Johannisbeere (*R. rubrum*) – die Weiße Johannisbeere ist eine Form davon. Man erntet sie rispenweise durch Abschneiden. Als Schutz vor Vögeln sollten keine groben, sondern nur feinmaschige Netze oder Obstschutzbeutel verwendet werden.

Idealerweise vor einer Mauer in voller Sonne oder im Halbschatten. Durchlässige Böden.

Sukkulenten verschiedene Arten

Aus Sukkulenten lassen sich ganze Minigärten zusammenstellen, etwa wenn man sie in Schalen setzt und das Substrat mit Gartenkies bedeckt. Sie verstehen, sich in Szene zu setzen: *Echeveria* bildet gebogene Stängel mit daran hängenden Blüten in überraschenden Farben. Typisch für *Sempervivum* dagegen sind Kindel. Manche Sukkulenten sind pelzig, andere gummiartig.

Sukkulenten brauchen Hitze, stark durchlässige Böden mit 40 Prozent Kies und Starkregen, daher trockene Töpfe kräftig wässern.

Salbei verschiedene Arten

Diese große, mit der Minze verwandte Gattung zu erkunden lohnt sich, denn in ihr finden sich viele nützliche Gartengewächse. Neben dem behaarten Echten Salbei (*Salvia officinalis*) gibt es Arten mit samtigen Blüten in satten Farben oder auffälligen Texturen: *S. confertiflora* fällt durch behaarte Stängel und hellrote, kleine, behaarte Lippenblüten ins Auge. Manche Arten sind winterhart, andere frostempfindlich. Viele kommen mit wenig Wasser aus.

Im Frühjahr mulchen. Durchlässige Böden.

Weicher Frauenmantel *Alchemilla mollis*

Ihren Namen *Alchemilla* verdankt die Pflanze den einst von Alchemisten genutzten Tautropfen oder winzigen Regenwasserpfützen auf den gelappten, gefältelten Blättern. Der Frauenmantel ist superhydrophob, also extrem wasserabweisend, hat aber noch weitere Besonderheiten. Zwischen den unglaublich weichen Blättern, die sich zu Saisonbeginn entfalten, bilden sich gelbgrüne Blüten. Sie sind so schön, dass man der Pflanze sogar ihren Ausbreitungsdrang verzeiht. Man kann sie aber fast komplett zurückschneiden.

Nützlich im trockenen Schatten, bevorzugt jedoch etwas Feuchtigkeit.

Von oben links im Uhrzeigersinn: *Johannisbeeren, Salbei, Sukkulenten.*

SCHMECKEN

Fruchtwechsel und Gemüseplaner sind in einem Geschmacksgarten nicht nötig. Es gibt viele höchst ansehnliche Gewächse wie Quitten und Rosmarin, die einen festen Platz in altehrwürdigen Nutzgärten haben, aber in jedem Garten bestens aufgehoben sind.

Sobald man Obstbäume und langlebige Kräuter zieht, muss man zum Glück nicht viel mehr tun, als ihren Geschmack zu genießen – und der ist mit Sicherheit voller, intensiver und damit auch edler als alles, was man in Geschäften auftreibt. Manche Obstbäume müssen geschnitten werden, andere nicht. Kirschen bestehen auf freier Entfaltung und sind über abgeschnittene Äste alles andere als erfreut. Lehnen Sie sich also zurück und genießen Sie den Überfluss eines Entspannungsgartens.

Die Pflaume 'Königin Victoria' ist aus gutem Grund eine bewährte alte Gartensorte: Sie trägt verlässlich und macht keinerlei Probleme.

Gedanken zum Schmecken im Garten

Wer an einen Küchengarten denkt, hat oft eine Art Paradies vor Augen: Hier kann man mit etwas gesundheitsfördernder Arbeit die intensivsten Genüsse genießen. Aber gutes Obst und Gemüse lässt sich auch in den Ecken eines herkömmlichen Gartens heranziehen – mit weniger Planung obendrein. Unerschwingliche Gaumenfreuden sind so ganz leicht zu erlangen. Man braucht sie nur als Pflänzchen zu setzen, dann wachsen sie – fast – von allein.

Vom Garten frisch auf den Tisch

Wald-Erdbeeren mit ihren frischgrünen, gezähnten Blättern und reinweißen Blüten sind der hübscheste Bodendecker, den man sich vorstellen kann. Im Juni sind die Minifrüchte bereit für das Morgenmüsli oder süße Dessert. Gibt es Schöneres, als bei Tagesanbruch hinauszugehen und nachzusehen, was als Frühstücksköstlichkeit verfügbar ist? Tagsüber kann man sich säuerliche Stachelbeeren als Muntermacher pflücken. Johannisbeeren, jene glasigen Bläschen, die so angenehm in der Hand liegen, brauchen nur einen Augenblick auf dem Herd mit einem Spritzer Wasser und einem Löffel Zucker. Dann können sie in Joghurt wandern – oder auf eine Crêpe.

Wer einen Apfelbaum pflanzt, hat den Verlust an Geschmack und Nährstoffen, den uns der moderne Gartenbau beschert, schon wettgemacht. Ein paar Jahre lang ist das Gehölz nicht viel mehr als ein Stock im Garten, aber in dieser Zeit bildet es fleißig Wurzeln und liefert bald Blüten und Früchte. Ein Apfelbaum braucht einen zweiten als Bestäuber. Aber wenn Sie gerade über Obstbäume nachdenken: Warum nicht auch in einige Birnen- und Pflaumenbäume investieren? Sie alle sprechen mehrere Sinne an, denn sie veranstalten zweimal im Jahr eine (Blüten- und Früchte-)Show, reichern

Wald- oder Monatserdbeeren (*Fragaria vesca*) müssen nach dem Ernten rasch verspeist werden, denn sie halten nicht lange, weshalb man sie auch nicht im Handel findet.

den Garten mit Klängen an (Summen und Zwitschern), sind angenehm anzufassen (drücken und drehen – sind die Früchte reif?) und schmecken natürlich auch großartig.

Wer Obst im eigenen Garten zieht, entscheidet selbst, wann es reif ist – und nicht der Produzent, dem eher an Einheitlichkeit, Haltbarkeit und Transportfähigkeit gelegen ist.

Wie frisch ist frisch?

Die Ernte zum rechten Zeitpunkt entscheidet über Gedeih und Verderb einer Erbse. Ist ihre Hülse hart, ist die Erbse zwar essbar, doch fehlt ihr das zuckrige Etwas, das sie nur bei optimaler Reife hat. Tiefkühlerbsen brauchen Minze, Butter, Knoblauch oder etwas anderes, um interessant zu schmecken (ganz zu schweigen von ihrer wässrigen Konsistenz). Aber eine Schale Hülsen, die man bei einem Plausch oder während man den Vögeln zuhört öffnet, liefert Erbsen, die besser sind als das ausgefeilteste *hors d'oeuvre*. Die edelsten Restaurants der Welt ergänzen die Zutaten, die sie von Spezialerzeugern erhalten, zunehmend durch Obst und Gemüse aus dem eigenen Garten, in dem ungewöhnliche oder alte Sorten wachsen. Sie haben erkannt, dass zum kulinarischen Erlebnis auch gehört, die Dinge heranwachsen zu sehen.

Ein Nutzgarten kann aus einer simplen Anordnung großer Gefäße oder aus rechteckigen Beeten im Rasen bestehen. Essbare Pflanzen sehen von Haus aus gut aus und müssen nicht groß gestaltet werden. Professionelle Küchengärten dagegen brauchen Platz, Geometrie und – schon abschreckender – ein gewisses Maß an Organisation mit Tabellen und Ausrüstung. Wer einfach nur neugierig ist, ohne im Entferntesten an einen Nutzgarten zu denken, kann sich auch direkt vor der Küchentür eine Welt an Köstlichkeiten heranziehen. Selbst-

Obst und Blüten bilden im Worton Kitchen Garden bei Oxford in England ein buntes Durcheinander.

gekochtes wird nicht mit zellophanverpackten Kräutern gewürzt. Manche Aromageber wie Petersilie oder Thymian sollte man in ordentlichen Mengen in der Küche haben, andere wie der Goldmajoran sind im Garten gut aufgehoben.

Salat aufpeppen

Blattsalate sind aufregende Genüsse, wenn man sie selbst zieht. Die Samen aus einem Päckchen Salatmischung, auf eine mit Topferde gefüllte Schale gesät, angedrückt und regelmäßig gewässert, begeistern nicht nur durch das Wunder der Keimung, sondern auch mit einer wohlschmeckenden Alternative zu langweiligem Grünfutter. Salatmischungen sind eine Lektion in Geschmack mit Aussehen und Textur als Dreingabe: mild bis scharf, rot, grün oder gefleckt, spitz, rund oder gekräuselt, weich, knackig oder strukturiert. Die ideale Wahl für Töpfe sind Pflücksalate: Man zupft bei ihnen einfach die Blätter vom Ansatz mehrerer Pflanzen und stellt sich eine Salatmischung ganz nach eigenem Gusto zusammen – die Pflänzchen tragen wie von Zauberhand nach ein paar Wochen wieder frische Blätter. Sie abzuernten ist nichts, was man übereilen, sondern genießen sollte, vor allem im Sommer. Mit dem Ende der Saison muss damit aber noch lange nicht Schluss sein: Rucola, Mizuna und Spinat sind winterhart und locken auch in der kalten Jahreszeit in den Garten.

In den Salatmischungen ambitionierter Erzeuger und Restaurants finden sich allerlei Besonderheiten. Wer Sauerklee im Mix eines Edelmarktes antrifft, erkennt, dass auch Unkräuter manchmal gut schmecken. In früheren Jahrhunderten kamen in eine einzige Salatschüssel Dutzende Sorten Blattgemüse, außerdem Kräuter und Blüten. Der Essig zum Anmachen wurde mit Gewürznelken, Rosen und Kapuzinerkresse angereichert, ferner mit »Streu und Würze«, wie John Evelyn Garnierungen und Aromageber in seinem 1699 erschienenen Werk *Acetaria* bezeichnete, wozu er unter anderem Zitrusschalen und Wacholderbeeren zählte. Kauft man Salate direkt vom Erzeuger bzw. auf dem Bauernmarkt, erahnt man, was einst Usus war. In einem Frühlingssalat Sauerampfer, Gartenmelde, Kerbel und Winterportulak zu entdecken (ohne sie zwangsläufig kennen zu müssen) heißt, sehr alte Texturen, Farben und Formen kennenzulernen, die für uns neu sind und neue Geschmackswelten eröffnen.

Blütenträume reifen lassen

Der Anbau essbarer Blüten – Kapuzinerkresse, Kornblumen, Ringelblume, Wildes Stiefmütterchen – macht Salate noch genussreicher, nicht zuletzt wegen ihres unterschiedlich stark ausgeprägten pfeffrigen Geschmacks. Wer offen ist für alles Essbare, wird auch die kleinen Blütenstände von Kräutern wie Fenchel und Thymian genießen, außerdem die Blüten von Blattsalaten wie Rucola (weiß) und Mizuna (gelb). Sollten Sie je wieder einen Supermarktsalat kaufen müssen, können Sie ihn mit Ringelblumen (*Calendula officinalis*) aufpeppen, die das ganze Jahr wachsen, während das Wilde Stiefmütterchen kommt und geht, wie es will.

Essbare Einjährige sind natürliche Begleiter von Gemüse. Sie haben im zugleich schönen und nützlichen Garten ihren großen Auftritt. Manche erweisen sich als wertvoll, weil sie Schädlinge durch ihren Geruch fernhalten – oder auch anlocken und sich so für benachbartes Obst und Gemüse opfern.

Die Studentenblume (*Tagetes*) hält Weiße Fliegen fern und wertet mit ihren samtig roten und gelben Blüten jeden Garten auf. Kapuzinerkresse, die viel Farbe und Textur zu bieten hat,

Ein vielfältiger Blütenmix macht das Umfeld von Obst und Gemüse gesünder und insektenreicher.

hat, zieht Blattläuse an, die dafür Garten- und Feuerbohnen verschonen.

Manche Pflanzen harmonieren sowohl auf dem Teller als auch im Gewächshaus, etwa Tomaten und Basilikum oder Rhabarber und Erdbeeren. Es gibt etliche dieser Dream-Teams, doch verwirren Vielfalt und das Vermeiden von Monokultur generell Schädlinge. Und wenn Nutzpflanzen sich nicht mühsam behaupten müssen, schmecken sie auch besser.

Kraut: mehr als ein Gewürz

Der Begriff »Kraut« impliziert meist eine kulinarische oder arzneiliche Verwendung, steht im Grunde aber für jedes grüne, nicht holzige Nutzgewächs. Unsere Vorfahren waren bessere und wagemutigere Salatnutzer. Deshalb begriffen sie auch frisch ausgetriebene Kräuter zu Saisonbeginn als potenzielle Genüsse, etwa das mineralienreiche Glaskraut (nur mit gekochtem Wasser übergießen) und frische Brennnesselspitzen (beim Ernten Handschuhe tragen). In anderen Kulturen stehen Kräuter im Frühlingsgarten noch heute hoch im Kurs. In Italien werden Nesseln für Frühlingsrisotto verwendet, während man Löwenzahnblätter sautiert oder zu Salaten hinzufügt. Zitronensaft, Olivenöl und etwas Salz bewirken bei fast jedem Blattgrün Wunder. In der persischen Küche ist das stundenlange Hacken von Kräutern ein soziales Ereignis und Teil des Spaßes am Essen; Kräuter gelten dort als Nahrungsmittel und nicht nur als Geschmacksgeber oder Garnierung. Die Hauptzutat von Bulgursalat etwa ist nicht Couscous oder Bulgur, sondern Petersilie, gefolgt von Minze. Und auch in Mexiko nutzt man Kräuter für mehr als nur Guacamole, obwohl dieser Dip ohne Koriander undenkbar ist.

Kräuter harmonieren von Natur aus mit Pflastersteinen und Belägen. Ein Labyrinth oder geometrisches Muster gibt aromatischen Pflanzungen wie dieser Struktur.

Selbst der Anbau von Kräutern, die man eigentlich nicht braucht, lohnt sich dank ihres Aromas und dekorativen Werts sowie ihrer Bedeutung für Insekten. Sie eröffnen sogar neue Möglichkeiten: Liebstöckel schmeckt wie Sellerie, Kerbel nach Anis. Vielleicht finden Sie Zitronenthymian oder den Zitronenstrauch ja besser als normalen Thymian oder Zitronensaft.

Das Konzept der »essbaren Landschaft«, also der Kombination aus Nutz- und Zierpflanzen, findet allmählich auch bei uns Anhänger. Ein Tunnel aus Kürbissen kann so dekorativ sein wie ein Laubengang mit Passionsblumen. Schon seit Langem wird in englischen Cottage-Gärten und französischen *Potagers* Schönes und Schmackhaftes gemischt. Heute gilt es zum Glück nicht mehr als falsch, Artischocken, Garten-Melde und Amarant zusammen in Blütenrabatten zu setzen.

IM FOKUS

Wilde Schätze sammeln

Arzneikräuter gibt es, seit es Menschen gibt. Das Durchstreifen der Natur auf der Suche danach ist allerdings in vielen Teilen der westlichen Welt seit geraumer Zeit aus der Mode gekommen. Gleichzeitig entdeckt man allmählich wieder das Potenzial heimischer Pflanzen und selbst gezogener, saisonaler sowie regionaler Obst- und Gemüseschätze für die Küche. In Ländern mit einer lineareren kulinarischen Tradition, in denen nicht vergessen wurde, wie man Eigenes anbaut und kocht, gehören Aromen, die wir als ungewöhnlich empfinden würden, zum Alltag. In Italien beispielsweise stehen bittere Blätter in so hohem Ansehen, dass sie wie Wein oder Käse ein eigenes Terroir haben, also eine spezielle Region, für die sie bekannt sind und in der sie angebaut werden.

In Italien lautet ein Sprichwort: »Sammle nur Pilze, die auch dein Großvater gesammelt hat.« Das Sammeln in freier Natur hat seine Tücken, denn wir wissen weder immer, was wir mitnehmen, noch, wer oder was vorher schon an den Gewächsen dran war. Das »Unkraut am Wegesrand«, verliert seinen Reiz, wenn man diesen Wegrand genauer betrachtet. Natürlich kann man in Wäldern und Feldern Bärlauch, Holunder und Brombeeren zupfen, ansonsten sollte man sich auf den eigenen Garten oder den von Freunden beschränken.

Ganz gleich, ob man ihn Bärlauch oder Knoblauchspinat nennt, seine Blüten machen sich durch ihren unangenehmen Duft schon bemerkbar, bevor man sie sieht.

Holunderblüten und -beeren

Holunderblüten werden von jeher im Spätfrühling gesammelt, um daraus Sirup zu kochen. Genauso nützlich aber sind die blauschwarzen Beeren im Herbst. Sie regen das Immunsystem an und reifen gerade rechtzeitig zur Erkältungs- und Hustensaison. Holundersirup ist einnehmend süß und kann mit Zitronensaft, Gewürznelken oder Zimt aromatisiert werden. Vorsicht: Die Beeren sind roh giftig und nur gekocht unbedenklich.

Die Wissenschaft des Schmeckens

Schmecken und Riechen sind eng verbunden. Aromen, die Appetit machen, sind der Auftakt zum Essensgenuss, denn die Geruchsempfindung setzt die Bildung von Speichel und Verdauungssäften in Gang. Die Wissenschaft unterscheidet trotz der enormen Geschmacksvielfalt nur fünf Geschmacksqualitäten: süß, salzig, würzig (oder umami), sauer und süß. Süß ist unser angeborener Basisgeschmack, die anderen lernen wir zu mögen. Ein Baby spuckt Bitteres, Saures und Verdorbenes als Verteidigungsmechanismus gegen Gifte aus, denn viele toxische Pflanzen sind bitter. Sie haben ihre Bitterstoffe zur Abschreckung von Pflanzenfressern entwickelt.

Wenn wir bestimmte Geschmacksnuancen tolerieren oder sogar genießen, liegt das nicht nur an unserer Erfahrung und sozialen Konditionierung, sondern auch an den individuellen Geschmacksknospen, die sich vorwiegend vorn, hinten und seitlich an der Zunge befinden. Essen ist für uns mit vielfältigen Wahrnehmungen verbunden: Das Schmecken ist eng mit dem Riechen sowie der Textur, Temperatur und dem Aussehen von Gerichten verknüpft.

Weil wir inzwischen immer mehr Nahrungsmittel zu uns nehmen, die weit gereist sind (da sie bei uns nicht wachsen oder keine Saison haben), sind wir inzwischen an einen geringeren Nährstoffgehalt dessen, was wir als frisch empfinden, gewöhnt. Der Überfluss hat zur Verarmung geführt. Viele Menschen essen immer das Gleiche, selbst wenn sie holzigen Spargel und fade Wintererdbeeren in Kauf nehmen müssen. In Gärten und Landschaften hingegen ist Vielfalt wichtig, denn sie lockt Nützlinge und Mikroben, die den Boden gesund halten, an. Unser Verdauungssystem ähnelt dem Boden: Auch es verträgt keine Monokultur. Sie schwächt das Immunsystem und begünstigt Unverträglichkeiten sowie Allergien.

Spargel ist weder süß noch sauer noch salzig noch bitter – er ist umami, also würzig-pikant. Weitere Umami-Genüsse sind Kartoffeln, Knoblauch und Tomaten.

Mehr Geschmack

Gemüseüberschüsse aus allzu reicher Ernte können recht dekorativ in Szene gesetzt werden, etwa Kürbisse, die auf einer Veranda oder in einem kühlen Raum gelagert werden. Sie lassen sich aber noch besser aufbewahren: Wer eine Garage zu einer altmodischen Kühlkammer umfunktioniert, verlängert die Haltbarkeit von überschüssigen Äpfeln und Wurzelgemüse. Alte Speisekammern, wie man sie noch in manchen alten Häusern findet, sind kühle Lagerräume mit einem Gitter anstelle des Fensters – und damit genau das, was auf Verpackungen als »kühler Ort« zum Aufbewahren empfohlen wird. Frisches kann im Flur bleiben, da er oft kälter ist als die Küche. Abgesehen vom fast schon rituellen Einmachen, Kochen von Sirup und Ansetzen von Essig lässt sich manches Obst auch in der Tiefkühltruhe über die Runden bringen (etwa Himbeeren und Johannisbeeren) und Monate später noch genießen. Nicht vergessen sollte man außerdem die so angenehme wie nützliche Reihe aus Töpfen mit Basilikum, Thymian und Minze, die auf der Fensterbank in der Küche defiliert.

Aufbruch zu neuen Geschmackswelten

Selbst angebaute Erbsen müssen kein saisonales Einmalvergnügen sein: Man kann sie durchaus mehrmals für eine frühe, mittelfrühe und späte Ernte aussäen. Und auch Blattsalate lassen sich ganzjährig ernten. Voraussetzung dafür sind Folgesaaten, die jedoch gar nicht so schwierig sind. Solange man einen Platz für sie im Garten hat und alle nötigen Utensilien griffbereit, kann einem das gestaffelte Aussäen zur zweiten Natur werden. So werden Sie nach und nach ein besserer Gärtner, Genießer und Einkäufer. Auf dem Bauernmarkt bleiben Sie bei einem Casperita-Kürbis oder einer Puntarella alias Vulkanspargel vielleicht nicht stehen, weil sie so schön anzusehen sind, sondern weil Sie wissen, wie Sie

Selbst wer kein Fan von Speiserüben ist, ändert vielleicht seine Meinung, wenn er die Wurzeln auf einem Bauernmarkt sieht.

FORCHETTA/BASTONE

die Pracht in der Küche verwerten können (und wenn nicht, erklärt es Ihnen der Erzeuger). Auf einem französischen Markt schnappen Sie sich souverän *herbes de Provence* oder *fines herbes* (Erstere setzen sich aus Bohnenkraut, Majoran, Thymian und Oregano, Letztere aus Petersilie, Schnittlauch, Estragon und Kerbel zusammen). Auf italienischen Märkten werden neben ausgereiftem Gemüse auch Saatgut und Jungpflanzen verkauft, denn südlich der Alpen legt man viel Wert auf wohlschmeckende Zutaten.

Der französische Begriff *hors d'œuvre* bedeutet »außerhalb des Werkes«, in der Küche also »außerhalb der eigentlichen Mahlzeit«. Es kann viel Spaß machen, das wörtlich zu nehmen. Man muss kein Meisterkoch sein, um ein paar kleine Radieschen, Babymöhren und Gurkenscheiben mit einem Geschmack zu präsentieren, der sie unverkennbar als selbst gezogen entlarvt, und ein Schälchen mit Meersalzflocken oder Feigen mit Manchego-Käse dazuzustellen. Auch Salatzutaten schmecken am besten, wenn man sie nicht in einem alles zukleisterndem Dressing ertränkt. Ein Tellerchen mit Tomatenscheiben profitiert von einem Spritzer gutem Olivenöl, braucht aber sonst nichts, außer vielleicht einer Prise Salz kurz vor dem Verputzen. Diese Art von geschmacksoptimiertem Genießen lässt sich am besten zelebrieren – und an Freunde weiterempfehlen –, wenn man einen Küchentisch einfach mitten in den Gemüsegarten stellt.

Tomatensorten gibt es in vielerlei Formen, aber mit ihrem sonnengereiftem Geschmack verkünden sie alle: »Es ist wieder Hochsommer.«

»In der That erfreuen sich Geist und Körper nach einem guten Mahle eines ganz besondern Wohlbehagens.«

Jean Anthelme Brillat-Savarin, *Physiologie des Geschmacks*, 1885

Pflanzen zum Schmecken

Himbeere *Rubus idaeus*

Herbsthimbeeren haben gegenüber ihren Kolleginnen von der Sommerfraktion einen Vorteil: Man kann sie nicht kaufen. Ihr voller Geschmack hat eine ganze Saison lang Zeit auszureifen. Zudem müssen sie nicht mit Netzen geschützt werden, denn Vögel interessieren sich so spät nicht mehr für sie. Deshalb eignen sie sich bestens zum Naschen en passant. Probieren Sie gelbe Sorten, die süßer sind. Für Desserts erntet man sie erst kurz vor dem Verzehr. Zerren Sie Himbeeren nicht vom Strauch – sie müssen sich leicht lösen.

Alte Ruten im Februar kappen und mit Kompost mulchen. Sonne oder Halbschatten.

Großer Sauerampfer *Rumex acetosa*

Sauerampfer ähnelt dem jungen, essbaren Stumpfblättrigen Ampfer, enthält aber wie Rhabarber, mit dem er ebenfalls verwandt ist, Oxalsäure. In Norditalien nennt man ihn *pan e vino*, Brot und Wein, denn die Blätter werden beim Olivenbaumschnitt gegessen; sie machen satt und löschen den Durst. Sauerampfer schmeckt anfangs bitter, dann essigsauer. Jungblätter verwendet man für Salate, ältere werden wie Spinat gekocht. Ein ungewöhnliches Gemüse.

Bevorzugt Sonne und durchlässige Böden.

Minze *Mentha*

Um in den Genuss ihrer wohltuenden Wirkung zu kommen, muss man nur kochendes Wasser über ein Zweiglein gießen. Kaltgetränken gibt Minze mehr Geschmackstiefe, als die Bezeichnung »Garnierung« vermuten lässt. Die Gattung enthält viele Arten. Die Sorte 'Black Spearmint' hat einen intensiveren Geschmack als die Grüne Minze, ihre Elternart. Die weich behaarte Apfel-Minze lädt zum Anfassen ein und ist ein gutes Küchengewürz. Man sollte die winterharte Staude in einen möglichst großen Topf pflanzen, regelmäßig schneiden und nicht blühen lassen, da sie sonst nicht mehr so gut schmeckt.

Fühlt sich im Halbschatten wohl.

Pflücksalate

Pflücksalate können ganzjährig geerntet werden. Wer Sommersalatmischungen ausgesät hat, möchte vielleicht einige der daraus entstandenen Sorten weiterkultivieren. Blattsenf gibt süßem Salat eine gewisse Schärfe, und verträgt kühle Witterung, wie die Bezeichnung der Sorte 'Green in Snow', Grün im Schnee, andeutet. Pflücksalate lassen sich wochenlang ernten, indem man immer nur ein paar Blätter abzupft.

Feuchte Böden im Halbschatten.

Von oben links im Uhrzeigersinn: *Himbeeren, Blut-Ampfer, Pflücksalat.*

»Unter den Früchten, die man nicht kaufen kann, sind Wald-Erdbeeren einsame Spitze.«

Löwenzahn *Taraxacum*

Wer einmal Löwenzahn probieren möchte, kann es ohne Probleme tun: Jeder Bestandteil der Pflanze ist essbar. Das Junglaub, im zeitigen Frühjahr gesammelt, bevor es hart und sauer wird, steckt voller Vitamine und Mineralien, die wir nach einem langen Winter gut brauchen können. Es ist angenehm bitter, lässt sich mit anderen Blattsalaten kombinieren und wirkt harntreibend und verdauungsfördernd. Löwenzahn wird ausgesät; die Blätter blanchiert man im Lauf der Saison, damit sie zart bleiben. Schneidet man sie am Ansatz ab, sehen sie fast aus wie Frisée-Salat, der zur selben Familie gehört.

Wächst überall!

Tomate *Solanum lycopersicum*

Eine Tomate aus dem Kühlschrank, womöglich auch noch in Hydrokultur herangewachsen, ist meilenweit entfernt von einer warmen, sonnengereiften alten Sorte, die herrlich geschmacksintensiv von einem langen Sommer der Reife erzählt. Gewächshäuser eignen sich gut zum Heranziehen von Tomaten, bessere Ergebnisse erzielt man in kühlen Klimazonen aber mit einer Freilandpflanze vor einer warmen Mauer. 'Green Tiger', 'Black Plum', oder 'Chianti Rose' verheißen ungekannte Aroma- und Geschmackserlebnisse.

Seitentriebe abzwicken. Gut mulchen, düngen und wässern.

Wald-Erdbeere *Fragaria vesca*

Ihre Blätter, Blüten und Früchte empfehlen sich als Bodendecker, die harte Kanten kaschieren. Unter den Früchten, die man nicht kaufen kann, sind Wald-Erdbeeren einsame Spitze. Ob zum Frühstück oder als Nascherei zwischendurch, sie schmecken süßer als süß. Wer aber nicht darauf achtet, ob sie rundherum schön rot sind, muss mit sauren Überraschungen rechnen. Schnell essen, denn sie verlieren rasch an Spannkraft und werden matschig.

Für durchlässige, fruchtbare Böden in der Sonne oder im Schatten. Breitet sich über Ausläufer im ganzen Garten aus. Durch Auszupfen ausdünnen.

Von oben nach unten: *Löwenzahn, Tomaten.*

Gurke *Cucumis sativus*

Gurken aus dem Garten schmecken so mild, dass man das Gefühl hat, gesüßte Luft mit einer Prise Salz zu genießen. Die Schale selbst gezogener Exemplare ist weicher und heller als die der Zellophanversionen, aber das Fleisch dennoch knackiger. Sie sind nicht wässrig, obwohl der Wassergehalt bei 96 Prozent liegt. Gönnen Sie sich eine alte Sorte im Zusammenspiel mit Tomaten, etwa in einem Gazpacho oder einem dezent gewürzten Salat.

Alten Sorten tut der Schutz einer warmen Mauer oder eines Gewächshauses gut. Sie brauchen viel organische Substanz.

Schwarzer Holunder *Sambucus nigra*

Das typische Heckengehölz trägt essbare Beeren und Blüten. Aus den gleich nach dem Aufblühen geernteten Schirmrispen lässt sich erfrischender Sirup kochen, der von Heuschnupfen Geplagten guttut, vor allem, wenn er aus der Gegend stammt (sofern die armen Allergiker das Ernten durchstehen). Die pollenschweren Blütenstände sind in freier Natur leicht zu finden, doch kann man auch die der Gartensorte *Sambucus nigra* fo. *porphyrophylla* 'Eva' verwenden.

Jeder Standort und Boden. Sonne oder Halbschatten.

Spargel *Asparagus officinalis*

Eine perfekt gekochte Spargelstange mit Biss schmeckt nach Frühjahr und ist ein typisches Beispiel für die Geschmacksqualität umami. Weil die Spargelsaison kurz ist, sollte sie umso intensiver genutzt werden. Spargel selbst anzubauen, erfordert langfristige Planung, denn in den ersten Jahren ist noch keine Ernte möglich, erst danach wird man auf zwei Jahrzehnte versorgt. Weibliche Pflanzen wirken farnig und tragen Beeren, während die männlichen ein seltsamer Anblick sind und ihre Stangen aus der Erde recken. Man kann zwischen die Reihen Petersilie als Bodendecker und Bestäuberpflanze setzen.

Fruchtbare, unkrautfreie Böden.

Rosenkohl *Brassica oleracea* var. ***gemmifera***

Selbst als ganze Pflanze angebotener Rosenkohl schmeckt nicht so gut wie der aus Eigenanbau, da er zwangsläufig schon ein paar Tage alt ist. Optimalen Geschmack darf man nur von frisch geernteten, gedünsteten (nicht gekochten) Röschen erwarten – am besten, wenn man sie erst nach den ersten Frösten (von unten nach oben) abzupft.

Sehr nährstoffreiche Böden, am besten an sonnigen, geschützten Standorten.

Rechts: *Schwarzer Holunder fo.* porphyrophylla *'Eva'.*

»Leider haben die dekorativen Qualitäten des Lorbeers seine geschmacklichen verdrängt. Dabei mag er es gar nicht, als Hochstamm zu darben.«

Erbse ***Pisum sativum***

Die einzigen Erbsen, die an den Geschmack selbst gezogener Sorten heranreichen, sind Tiefkühlerbsen, da bei ihnen die Umwandlung des natürlichen Zuckers in Stärke zum rechten Zeitpunkt gestoppt wurde. Will man Gartenerbsen im Augenblick perfekter Süße ernten, pflückt man sie am besten, wenn sie den optimalen Reifezustand erreicht haben. Folgesaaten in erklecklicher Menge garantieren eine körbeweise Versorgung. Erbsen sind allerdings nicht winterhart. Bei guter Planung stehen sie vom späten Frühjahr bis in den Herbst hinein zur Verfügung.

Fruchtbare, durchlässige Böden.

Lorbeerbaum ***Laurus nobilis***

Lorbeer verdient mehr Aufmerksamkeit, als er normalerweise auf dem Weg in die Brühe oder Soße erhält. Erkennt man erst, wie sehr er eine Vanillesoße, Eingemachtes oder ein Fleischgericht aufwertet, will man gleich mehrere Blätter hineingeben. Sein Aroma erfasst man am besten, indem man ein Blatt bricht. Leider haben seine dekorativen Qualitäten die geschmacklichen fast etwas verdrängt. Dabei mag es Lorbeer gar nicht, als geschnittener Hochstamm neben einer exponierten, nach Norden gerichteten Haustür zu darben.

Als Kübelstrauch an einem sonnigen, geschützten Platz in durchlässigem Substrat frei wachsen lassen. Nicht winterhart.

Pflaume ***Prunus domestica***

Eine perfekt ausgereifte Pflaume scheint fast zu leuchten. Ernten Sie sie, während die kühle Schale noch bereift ist und das Fruchtfleisch vor Saft fast birst. Das Geschmacksspektrum ist groß: Es reicht von der Zwetschge bis zur bewährten Pflaumensorte 'Königin Viktoria'. Pflaumenbäume können so reich tragen, dass die Äste hängen und sogar brechen. Die Mengen lassen sich nur durch Kochen, Einmachen und Einfrieren bewältigen. Gewürznelken, Zimt, Ingwer und Wein unterstreichen ihren Geschmack.

Pflaumenblüten öffnen sich im zeitigen Frühjahr und sind daher frostanfällig. Sonnige, geschützte Standorte, gute Böden.

Von oben links im Uhrzeigersinn: *Erbse, Lorbeer, Pflaume.*

Stachelbeere *Ribes uva-crispa*

Manche bevorzugen Stachelbeeren besonders sauer, weil sie sich so besser für Kuchen oder Eingemachtes eignen, und ernten sie halbreif. Voll ausgereift hingegen können die grünen oder roten Beeren frisch vom stacheligen Busch genascht, eingefroren oder als Kompott gekocht werden. Ihre Säure braucht ein Gegengewicht, etwa Holundersirup oder Crème double. Hochstämme lassen sich leichter abernten. Stachelbeeren gedeihen auch im Topf.

Die wichtigsten Voraussetzungen sind Sonne und viel Wasser während des Fruchtansatzes.

Kapuzinerkresse *Tropaeolum*

Die leuchtenden Farben der Kapuzinerkresse sind ein Blickfang im Küchengarten und später auch im Salat, wenn man ein paar Blüten, Knospen oder Junglaub nach dem Anmachen mit hineinwirft. Ihr pfeffriger Geschmack verleiht Asia-Salaten eine zusätzliche Schärfevariante und milderen Blättern Schwung. Kultivieren Sie Kapuzinerkresse neben Obst und Gemüse. Sie lockt Blattläuse von Gartenbohnen weg und liefert Marienkäfern so jede Menge Leckerbissen.

Viel Licht und karge, möglichst durchlässige Böden sorgen für reicheren Blütenansatz. Nicht winterhart.

Rote Bete *Beta vulgaris*

Die Blätter von Roten Beten sind Augenweide und Gaumenschmaus zugleich. Selbst wer die Rüben eigentlich gar nicht mag, verfällt gelegentlich einer Rote-Bete-Suppe, in der die Verwandlung von der Erdbewohnerin zur seidigen Flüssigkeit in dunkelstem Magentarot am besten zum Tragen kommt. Dafür braucht es wenig – nur Wasser, Senf und Balsamico-Essig.

Kann ganzjährig angebaut werden. Boden als Lager nutzen und aufhäufeln oder mit Stroh bedecken, sobald sie reif aussehen.

Walnuss *Juglans*

Walnüsse sind typische Winternaschereien, obwohl sie bereits im Herbst reif werden. Sie sind eigentlich Früchte und beim Hineinbeißen eher feucht als nussknackig. Frische Nüsse schmecken anders als reife, bei denen die an grünen Tee erinnernden Tanninnoten zu dominieren beginnen. Man kann sie im Ofen bei niedriger Hitze trocknen.

Walnussbäume sind eine schöne Alternative zu den kränkelnden Rosskastanien und gedeihen in feuchtigkeitsspeichernden, zugleich durchlässigen Böden. Sie machen sich gut in altehrwürdigen Gärten – oder auch in Ihrem eigenen, sofern er groß genug für einen 30-Meter-Riesen ist.

Von oben im Uhrzeigersinn: *Kapuzinerkresse, Rote Beten, Stachelbeeren.*

RIECHEN

Gerüche lassen uns wie kein anderer Sinneseindruck innehalten. Sie entführen uns in schöne Zeiten und an unvergessliche Orte oder schaffen neue Erinnerungen. Aber sie sind so wenig greifbar, wie ätherische Öle flüchtig sind. Und nicht alle Menschen sind gleichermaßen empfänglich für sie.

Wenn ein Hund nach draußen stürmt und stehen bleibt, um die Luft zu erschnüffeln, weiß man, dass das Riechen zu den größten Genüssen gehört, die er kennt. Wäre die Nase eines Menschen ebenso empfindlich, hätte das nicht nur Vorteile. Hunde reagieren hypersensibel auf alle möglichen Gerüche, doch viele, die sie ausgesprochen faszinierend finden, wären für uns einfach nur abstoßend. Zum Glück gibt es genug Möglichkeiten, einen Garten anzulegen, der perfekt auf die eigenen Duftvorlieben abgestimmt ist.

Vielfältige Sinneswelten: Wenn Rosen Seite an Seite mit Geißblatt wachsen, vermengen sich opulente Farben und intensive Düfte.

Ideen für einen Duftgarten

Auf einer Türschwelle oder in einem Fenster tief einzuatmen ist eine gute Gelegenheit, sich auf die Welt draußen einzustellen, nicht nur an einem sonnigen Morgen. Genauso sinnvoll ist es, die Gerüche am Zugang zu einem Garten zu »kuratieren«, damit sie eine positive Wirkung auf den Besucher entfalten. Dabei geht es nicht nur um den gelegentlichen Dufthauch, sondern um ein intensiveres olfaktorisches Erlebnis, das man in tiefen Zügen genießen kann und das einen weiter in den Garten hineinlockt.

Von Düften umgeben

Die Gerüche, die uns innehalten lassen, kommen mitunter von unerwarteten Duftquellen. Die Skimmie ist ein eher unscheinbarer immergrüner Strauch, der im zeitigen Frühjahr am wenigsten ansehnlich aussieht, dann aber Rispen aus Blüten in warmen, hellen Farben ansetzt, die im März zuhauf Bienen anlocken und einen Monat lang die ganze Umgebung in ihren Duft hüllen. Wo kommt er her, fragt man sich Jahr für Jahr, bevor man sich an den unauffälligen Strauch neben der Eingangstür erinnert. Weitere bewährte immergrüne Duftgehölze wie Seidelbast, Mahonie und *Viburnum x bodnantense* blühen zum Teil noch im Winter, doch ist ihr Duft flüchtig und abhängig von Witterung, Lichtverhältnissen und individuellem Geruchsempfinden.

Den seidenzarten Duft einer Kolonie Maiglöckchen muss man erlebt haben, um zu begreifen, wie himmlisch Pflanzen riechen können. Nicht nur der Mix aus parfümgleichem Duft und sauerstoffreicher Waldluft lässt einen vor einem Teppich aus Maiglöckchen stehen bleiben, sondern auch das dichte grüne Blättermeer, durchsetzt von weißem Flor. Auch im Garten kann man sie im Schatten unter Gehölzen pflanzen,

Seidelbast ist bekannt dafür, die Winterluft mit dem würzigen Duft seiner kleinen rosa oder weißen Blüten zu erfüllen. Als immergrüner Strauch bietet sich *Daphne odora* 'Aureomarginata' an, der auch das Auge erfreut.

Das zarte Hasenglöckchen begeistert in Massen gepflanzt mit seinem zauberhaften Duft.

damit ihre Blüten im Frühling erstrahlen. Eine ähnliche Wirkung entfaltet das Hasenglöckchen (*Hyacinthoides non-scripta*), das wie das Maiglöckchen am besten in Kolonien kultiviert wird. Einzelne Hasenglöckchen, so schön sie im Rasen sein mögen, übersieht man leicht.

Duft und Erinnerung

Aufschlussreich ist, dass es mehr Beschreibungen schlechter als guter Gerüche gibt. Tautologien überbieten sich im Heraufbeschwören von fauligem Gestank, stinkendem Mief oder ekelhaften Ausdünstungen. Sie legen indirekt Zeugnis davon ab, dass das Leben früher wesentlich übel riechender war als heute. Nicht umsonst platzierten die Menschen damals gern Sträuße in Riechweite: in der Hand oder an das Handgelenk gebunden, auf den Hut gesteckt, hinter das Ohr geklemmt oder in das Korsett gesteckt. Heute wirken Duftveilchen und Maiglöckchen bisweilen aus der Zeit gefallen, obwohl ihre ätherischen Öle in der Parfümindustrie seit je wichtige Ingredienzen sind. Überhaupt sind Gartendüfte zeitlos, wenngleich einzelne Pflanzen mitunter untrennbar mit Vergangenem verknüpft sind. Jonone, die Quintessenz des Veilchendufts, können seit über 100 Jahren synthetisch hergestellt werden.

Von allen Sinneseindrücken beschwören Düfte am intensivsten Reminiszenzen herauf. Mitunter werden schöne Erinnerungen aber auch von kulturellen Prägungen überlagert. Omas Lavendelduft haben wir als Kind genossen, doch inzwischen ist er stark mit einem Altfrauenimage behaftet. Silberlaubige Aromapflanzen wie der Currystrauch waren in den 1980er-Jahren in Kräutergärten en vogue, lassen sich in die zurzeit angesagten Gras- bzw. Präriegärten aber nur schwer integrieren. Am besten, Sie ignorieren Gartenmoden und betrachten Ihr Grün als Gelegenheit, Pflanzen zu ziehen, deren Aromen Ihnen zusagen.

Duftfallen anlegen

Die Idealbedingungen für die Freisetzung von Duftmolekülen durch Pflanzen sind Wärme, Windstille und hohe Luftfeuchtigkeit. In unseren Breiten können wir Luftbewegungen dadurch verringern, dass wir Gärten umschließen bzw. in größeren Anlagen Windschutzhecken anlegen und Süd- sowie Westmauern für die Pflanzenkultur nutzen. Ziegel speichern tagsüber Wärme und geben sie nach Sonnenuntergang langsam wieder ab, sodass auch empfindlichere Pflanzen wie der Rosenbecher (*Stauntonia hexaphylla*), der Chinesische Sternjasmin (*Trachelospermum jasminoides*) und ein Obstgehölz für mindestens vier Sinne, die Feige, davor gedeihen.

Mit einer duftenden Wisterie, Kletter- und Strauchrosen, Nelken, Pfingstrosen und Phlox lässt sich sogar ein eigener Duftgarten innerhalb des Gartens anlegen.

Exoten wie die giftige Engelstrompete kann man in großen Töpfen ziehen, dorthin stellen, wo man sich an Sommerabenden aufhält, und den Winter über nach drinnen bringen. Machen Sie eine Sonnenfalle ausfindig und betrachten Sie sie als Duftfalle, die zum Innehalten einlädt. Gerüche fesseln die Aufmerksamkeit und lassen einen zur Ruhe kommen.

Düfte werden meist von eher helleren Pflanzen entsendet, was auf ihre wichtige Rolle als Anlaufstation für nächtliche Pollensammler hindeutet. Zum Sonnenuntergang beginnen Geißblatt, Nacht-Levkoje und der unfassbar schöne Berg-Tabak (*Nicotiana sylvestris*) intensive Düfte freizugeben, die schon fast Parfümqualität haben und fruchtig-blumig, nelkig oder schwer würzig sein können.

Während Lilien tagsüber Schwebfliegen und Bienen zu ihren pollenschweren Staubblättern locken, sind nachts Motten die bevorzugte Zielgruppe, die von dem starken Duft und den hellen, leuchtenden Farben der Blüten auf den Plan gerufen werden. Königs-Lilie (*Lilium regale*), Jasmin und Flieder duften berauschend, ja, bisweilen schon fast überwältigend. Sie alle enthalten den Duftstoff Indol, der eine leicht animalische Komponente hat, intensiver wird, je älter die Pflanze ist, und von manchen Menschen sogar als widerwärtig empfunden wird. Lilien gedeihen auch in Töpfen, was praktisch ist, wenn man sie umstellen will.

Das Harz der Gehölze kann eine anregende Duft-Basisnote sein. Man denke nur an eine Kieferngruppe an einem Strand oder eine Mittelmeer-Zypresse in Südeuropa. Auch Aromageber wie Rosmarin und Lavendel sind Gehölze und lassen sich in Gärten gut kombinieren. Jeder ihrer Bestandteile enthält ätherische Öle, die die Essenz eines Pflanzengeschmacks oder -geruchs bilden.

Duftpelargonien sind sehr taktil: Ihre behaarten, unverwechselbaren Blätter setzen beim Zerreiben ätherische Öle frei.

Durch Reiben des Laubs verschaffen Sie sich genug Informationen über die Pflanzendüfte und erfahren, was Ihnen zusagt. Pelargonien etwa gibt es in unzähligen Varianten. Füllen Sie ein kleines Gewächshaus oder einen Wintergarten mit ihnen, um nicht nur die großartigsten Samtfarben zu genießen, sondern auch Sorten, deren Formen, Texturen und Düfte interessanter sind als ihre Blüten und Sie etwa mit Zitronen-, Minze-, Apfeldüften oder dem klassischen Geruch der allgegenwärtigen *Pelargonium* 'Attar of Roses' verwöhnen.

Aromatherapie im eigenen Garten

Wer offen ist für Therapien aus dem eigenen Garten, kann zum Beispiel Rosmarin reiben: Er verbessert nachweislich das Gedächtnis. Damit gibt die Medizin Ophelia recht, die Romeo einen Rosmarinkranz zur Erinnerung band. Die früh erscheinenden blauen Rosmarinblüten sind auch eine gute Nektarquelle für die ersten Bienen. Das vielleicht meistverkaufte ätherische Öl der Welt aber dürfte von Lavendel stammen – es gilt als Allheilmittel, soll es doch gegen Kopfschmerzen helfen und die Stimmung heben. Wer sich mit der Welt der ätherischen Öle vertraut machen will, die nicht alle leicht im Garten anzubauen oder aufzutreiben sind, kann sich einen Öldiffusor für drinnen anschaffen. Im Garten aber tut es auch ein Topf mit Schopf-Lavendel (*Lavandula stoechas*), die hasenohrige Art, die förmlich zum Streicheln einlädt. Die Blüten des Echten Lavendels werden geerntet, sobald sie sich öffnen.

Mit ätherischen Ölen warten auch Minze, Zitronenstrauch und Schwarze Johannisbeere auf. Das tiefe, warme Aroma des Zitronenstrauchs lässt sich leicht durch Zerreiben der Blätter freisetzen. Man stellt ihn am besten dort in die Sonne, wo man auch gern sitzt.

Lavendel setzt beim Berühren ätherische Öle frei. Seine Blüten erntet man genau dann, wenn der morgendliche Tau gerade verdunstet ist und die Hälfte der Blüten am Strauch geöffnet ist.

Zitrusschalen enthalten ätherische Öle. Ein noch wirksameres Getränk als heißes Wasser mit Zitronensaft ist heißes Wasser mit ein paar Streifen Zitronenschale – wer es einmal probiert hat, wird bei Erkältungen nichts anderes mehr wollen. Auch in der Küche erweitern Zitronen- und Orangenschalen Gerichte besser um eine neue Aroma- und damit Geschmacksdimension als die Säfte. In der Parfümindustrie werden viele Stoffe als Duftquellen genutzt, blumige Aromen aber liefern vor allem Pflanzen. Und doch ist ein Parfüm nur die Interpretation eines natürlichen Dufts. Wenn Sie also an Rosen riechen, lassen Sie sich Zeit: Eine gute Nase voll ist denkwürdiger als ein Spritzer Parfüm. Falls Flieder etwas in Ihnen auslöst (was nicht bei jedem der Fall ist), vergraben Sie Ihre Nase in den seidigen, opulenten Blütenständen. Oder versuchen Sie dasselbe mit einer Nacht-Levkoje – dieses Dufterlebnis kann eine getrocknete Gewürznelke nicht bieten.

Noch im Tode schön: Ein gesunder, lebendiger Komposter verströmt keinen merklichen Geruch. Wie wertvoll fertiger Kompost ist, erkennt man daran, wie er aussieht, sich anfühlt und duftet.

IM FOKUS

Kompost

Viele wenden sich angewidert ab, wenn ihnen jemand selbst angesetzten Kompost zum Riechen hinhält. Dabei wird er nicht umsonst »schwarzes Gold« genannt. Er hat viele Vorzüge – und einer ist sein angenehm tiefer, erdiger, lebendiger Duft. Kompost ist Gartenabfall, der langsam mithilfe von Mikroben, Feuchtigkeit und Sauerstoff in eine nährstoffreiche Mulchsubstanz verwandelt wurde. Noch komplexer ist der Duft von Waldbodenhumus, denn hier mischen auch ausgeprägtere Gerüche von zersetzten Tieren und Pilzen mit.

Als unangenehm empfinden wir Menschen hingegen den Geruch anaerober Zersetzung. Bei einem Mangel an Sauerstoff entsteht ein fauliger Gestank, der von Methan stammt. Pflanzenjauche ist dafür berüchtigt, denn sie wird traditionell angesetzt, indem man mineralienreiches Pflanzenmaterial in einen Eimer Wasser gibt und abdeckt. Gleichwohl hat diese stinkende Brühe ihre Vorzüge. Noch besser ist allerdings »Komposttee«, der unter aeroben Bedingungen entstanden ist, denn er riecht so gut wie belüfteter Kompost. Eine recht simple Düngemethode ist das Ausbringen von selbst angesetztem Kompost, der mit Pflanzenjauche aus kaliumreichen Blättern (etwa von Beinwell und idealerweise der Sorte 'Bocking 14') angereichert wurde.

Stinkpilze

Die Stinkmorchel ist der wohl bekannteste übel riechende Pilz. Er fällt schon allein durch seine Wuchsform auf: Der Gattungsname lautet *Phallus*, womit sein Aussehen hinreichend beschrieben ist. Sein Geruch ist eine Mischung aus fauligem Fleisch und Kot – geradezu himmlisch für Fliegen, die der Pilz zum Verbreiten seiner Sporen braucht. Pilze spielen bei Zersetzungsprozessen eine entscheidende Rolle. Ohne sie würde es auf unserem Planeten unsäglich stinken.

Die Wissenschaft des Riechens

Jeder mag den Duft von frisch gemähtem Gras. Aber warum eigentlich? Manche sagen, das sei der Geruch des Sommers mit ländlichen Kopfnoten. Er beschwört Erinnerungen an die Kindheit herauf – an den Duft von beruhigender Ordnung und Routine. Wenn wir etwas riechen, sind dafür die Riechsinneszellen in der Nase zuständig. Sie werden von winzigen Duftmolekülen angeregt. Im Falle von gemähtem Gras handelt es sich dabei um sogenannte grüne Blattduftstoffe. Diese Kohlenstoffverbindungen entstehen bei Verletzungen und werden beim Mähen in stark konzentrierter Form freigesetzt, was starke Signale an den Riechkolben im Gehirn sendet.

Von den Riechsinneszellen aus gelangen die olfaktorischen Signale direkt in das limbische System, wo die Amygdala im Temporallappen und der Hippocampus Gefühlsreaktionen verarbeiten und auch bei der Entstehung und Speicherung von Erinnerungen beteiligt sind. Bis zur Adoleszenz ist der Geruchssinn (neben dem Tastsinn) der entwickeltste Sinn. Er beginnt sich bereits im Mutterleib auszuprägen. Daher sind die Gerüche der Kindheit stark mit frühen Erinnerungen verknüpft. Nicht alle Geruchserinnerungen sind gleich stark, manche Aromen aber setzen eine besonders intensive Reaktion in Gang, auch Proust-Effekt genannt.

Wir reagieren sowohl chemisch als auch emotional unterschiedlich stark auf Gerüche. Zudem verschlechtert sich unser Geruchsempfinden mit zunehmendem Alter. Allerdings kann man seinen Geruchssinn wie einen Muskel trainieren, indem man bewusst an etwas riecht und die unterschiedlichen Komponenten des Gerochenen benennt. Dass der nicht unangenehme Duft von frisch gemähtem Gras eigentlich von einer Verletzung der Pflanze stammt, ist zwar bedauerlich für die Pflanze, für uns aber gänzlich irrelevant.

Frisch gemähte Wiesen oder Rasen riechen nach den Freuden des Sommers. Ob das Gras es auch so sieht, ist eine andere Sache.

Wie man Düfte im Garten intensiviert

Bei der Duftplanung eines Gartens sollte man vertikal und »luftig« denken, kleinere Pflanzen also in höhere Ebenen verfrachten, damit sie der Nase näher sind.

Einen Duftgarten anlegen

Rambler-Rosen und Pergolen passen gut zusammen. Wer nichts gegen einen etwas unordentlichen Pflanzentunnel einzuwenden hat, bekommt im Gegenzug eine intensive Ladung reinen Rosenduft (auch Spatzen und andere kleine Vögel lieben das wilde Gestrüpp). Weitere beliebte Pergolapflanzen sind *Clematis armandii* und das (ebenfalls ungebärdige) Geißblatt, die zart duftende Passionsblume und die nach Schokolade riechende *Akebia quinata*. *Viola odorata* in Weiß, Rosa oder Violett ist so schön wie wohlriechend und macht sich gut in einem Trog oder an einer Rückhaltemauer.

Hecken sind eine ausgezeichnete Strategie, um mehr auf Tuchfühlung mit Düften zu kommen. Viele Rosen eignen sich als Heckenpflanzen. Die Kartoffel-Rose (*Rosa rugosa*) ist nicht ohne Grund eine beliebte Parkplatzpflanze (sie gedeiht auch in der Nähe von Stränden). Kartoffel-Rosen sind verlässlich und robust, vor allem aber blühen sie eifrig, tragen schön gefältelte Blätter und verströmen einen beruhigenden Duft. Nicht alle leuchten dunkelrosa, es gibt auch hellrosa Sorten wie 'Fru Dagmar Hastrup', oder die weiße 'Blanche Double de Coubert'. Im Herbst setzen sie glänzende rote Hagebutten an.

In der freien Landschaft lohnt es sich, Linden zu finden und sich unter sie zu stellen, sobald sie blühen. Sie werden überrascht sein, dass ein so grüner Baum einen so leichten und heiteren Honigduft verströmt. Dabei sind Lindenblüten seit Jahrhunderten ein wichtiger Rohstoff für die Parfümindustrie. Wenn ein Baum so gut riecht wie die Linde, dann

Von Bäumen oder Kletterhilfen kaskadierende Rambler-Rosen wie 'Paul's Himalayan Musk' erfüllen die ganze Umgebung mit ihrem Duft. Rambler-Rosen brauchen kaum Schnitt.

braucht man sich nicht wundern, dass er Bienen anlockt: Eine blühende Linde ist im Juni ein summendes Spektakel.

Das Draußen nach drinnen holen

Sie möchten auch im Winter Pflanzendüfte genießen? Dann holen Sie sich in der kalten Jahreszeit einen Blütenzweig ins Haus und stellen ihn ins Wasser. Den Baum stört das nicht – es fällt noch unter »leichten Schnitt«. Man kann aber auch bereits geöffnete Winterblüten nach drinnen bringen, etwa die der eleganten, immergrünen Fleischbeere *Sarcococca confusa* mit ihren kleinen weißen, fingrigen Blüten und glänzenden schwarzen Beeren. Der rosablütige Bodnant-Schneeball (*Viburnum x bodnantense*) duftet stark in kleinen Räumen. Mahonien mögen im Garten prähistorisch wirken, aber wenn man eine ihrer schwefelgelben Blüten abschneidet und zu Hause einzeln in die Vase stellt, erinnert nichts mehr an das Aussehen des Strauchs draußen: Plötzlich ist da nur noch Duft. Auch die Blüten von Obstgehölzen bringen Schwung in ein Ambiente. Und später erfüllen Früchte, etwa die Quitte, ganze Räume mit himmlischem Wohlgeruch.

Bei warmer Witterung sollte man Blüten frühmorgens schneiden und einen Eimer oder eine Vase mit Wasser bereitstellen. Konzentrieren Sie sich ganz auf die Düfte, das Abschätzen der Länge und das Schneiden, während ein Chor aus Vögeln und Insekten den Morgenzauber perfekt macht. Die Duftklassiker unter den Blüten sind eher zerzaust und romantisch – von Prachtblüten ist nicht immer viel zu erwarten. Entscheiden Sie sich lieber für einen altmodischen Pfeifenstrauch oder Phlox, für eine Nelke oder eine Narzisse im Frühjahr. Sie dürfen im Schnittblumenbeet ruhig wild durcheinander stehen. Was auch für den späteren Strauß gilt.

Der intensive Duft der Fleischbeere bringt eine besondere Note in die winterliche Düsternis im Garten. Noch besser aber ist ein unkompliziertes, wohlriechendes Deko-Element für drinnen, etwa ein Zweig von *Sarcococca hookeriana* var. *digyna*.

»Die Ros' ist süß,
und dünkt uns
süßer noch,
um ihres Duftes
reiner Lieblichkeit.«

William Shakespeare, *Sonett 54*, 1609

Duftpflanzen

Rose *Rosa*

Was ist eine Rose ohne Duft? Schön anzusehen, sicher, aber wenn man nur eine hat, sollte sie wenigstens noch gut riechen. Und am besten mehrmals blühen. In Katalogen wird man vom immensen Angebot fast erschlagen. Beschränken Sie die Suche am besten auf eine Alte oder Englische Strauchrose oder eine kletternde Sorte. Eine Rambler-Rose an einer Pergola muss kaum geschnitten werden und bildet mit ihrem hängenden Blütengestrüpp eine Art geschlossene Duftwelt.

Rosen sind pflegeleicht, brauchen aber eher schwere, unkrautfreie Böden und Sonne.

Heckenkirsche/Geißblatt *Lonicera*

Heckenkirschen bieten sich, wie der Name schon sagt, für Hecken an. Die werden durch sie zwar zerzauster, aber umso zauberhafter. Auch an Säulen oder Wänden sehen sie gut aus. Heckenkirschen vertragen einen kräftigen Schnitt. Solange die Triebe jung sind, lassen sie sich leicht anbinden. Die Farben der Kanadischen Heckenkirsche und des Wald-Geißblatts sind so verführerisch wie ihr Duft. Besonders verlässlich: *Lonicera periclymenum* 'Graham Thomas'.

Wachsen zur Sonne, bevorzugen aber am Ansatz Schatten.

Lilie *Lilium*

Schon ein einziger Topf mit Lilien kann Terrassen und Höfe in Gärten verwandeln. Anfangs darf man sich am schönen Laub erfreuen, dann an den pelikanschnabelartigen Knospen und schließlich an den Prachtblüten wie aus einem Gemälde in einer italienischen Kirche. Alle der genannten Vorzüge liefert *Lilium regale*. Ihre pollenschweren Staubblätter locken unterschiedlichste Bestäuber an. Am Abend formen sich die Blüten zu Trompeten und geben einen exotisch-schweren Duft frei. Für das Freiland eignet sich die hohe *L. henryi*, die aber feuchte Böden braucht.

Lilien gedeihen im Halbschatten.

Flieder *Syringa*

Wen sein moschusartiger, nostalgischer Duft in Entzückung versetzt, der wird sogar sein eher unscheinbares Aussehen für den Rest des Jahres hinnehmen. Fliederblüten machen auch in Vasen eine gute Figur. Man stellt sie neben das Bett und hofft auf süße Blütenträume. Entfernen Sie aber vorher das Laub und tauchen Sie die Stängel 30 Sekunden in kochendes Wasser, dann hält der Flor länger. Es gibt Züchtungen mit besonders prachtvollen Blütenständen.

Volle Sonne.

Von oben links im Uhrzeigersinn: *Flieder, Lilie, Heckenkirsche.*

»Wenn man den Honiglauch streift, verrät er sich durch seinen ranzigen Knoblauchgeruch.«

Levkoje *Matthiola*

Es gibt viele Levkojenarten, die nachts duften, angefangen von der hübschen, aber auch sparrigen *Matthiola longipetala* (etwa die helllila Sorte 'Starlight Scentsation') bis hin zum vielblütigen, stämmigen Floristenliebling *Matthiola incana* (mit der warmrosa Sorte 'Aida Apricot'). Wer den Duft von Gewürznelken mag, wird abends fast nach ihnen süchtig werden. Die nektar- und pollenreichen Blüten sind eine Extraeinladung für Bienen und Schmetterlinge.

Levkojen brauchen nasse Füße, volle Sonne und Schutz. Kleinere Formen sehen zu mehreren gepflanzt besser aus.

Sizilianischer Honiglauch
Nectaroscordum siculum

Schon optisch macht der Honiglauch viel her: Seine hängenden Glocken aus grüngrauen bis grünen Blüten sind ebenso dekorativ wie die mützenartigen Samenstände. Wenn man die Pflanze streift, verrät sie sich durch ihren ranzigen Knoblauchgeruch. Er hat im süßen Geruchskaleidoskop eines Gartens zwischen all den gefälligeren Düften eine stützende Funktion.

Sät sich selbst aus, braucht aber volle Sonne, um standfest zu bleiben.

Katsurabaum *Cercidiphyllum japonicum*

An stillen Herbsttagen reagiert der Katsurabaum, auch Kuchenbaum genannt, auf Sonne mit einem ausgeprägten Kandisduft: Manche Menschen nehmen ihn allerdings nur schwer wahr. Kaum glauben sie ihn erfasst zu haben, schon kann er wieder verschwinden. Auf andere dagegen wirkt er sehr intensiv. Nach dem Frühjahr bleibt der Baum für eine ganze Weile recht unscheinbar, bis er zum Saisonausklang mit seinen herzförmigen Blättern in überwiegend tiefem Gelb und Rosatönen noch einmal ganz groß auftrumpft.

Ein recht schmaler, kegelförmiger Baum, der nach 20 Jahren etwa 8 m Höhe erreicht. Gut für geschützte Gehölzgärten.

Links: *Sizilianischer Honiglauch.*

Gewöhnliche Mahonie *Mahonia aquifolium*

Mahonien verdienen mehr als die abweisenden Ecken, in die sie häufig verbannt werden. *M. lomariifolia* und *media* haben einige echte Stars zu bieten – letztere Art duftet im Frühwinter nach Maiglöckchen. Sie ist für Sonne dankbar und kann ruhig dort platziert werden, wo man auf sie aufmerksam wird. *M. x media* lässt sich ausdünnen und auf Augen- und Nasenhöhe schneiden, sodass man die prähistorisch anmutenden Blätter und die gelben Blüten gut von Nahem genießen kann.

Winterharter immergrüner Strauch.

Zitronenstrauch *Aloysia citrodora*

Die anregende Zitrusnote des Zitronenstrauchs (Zitronenverbene) wird vor allem in Frankreich geschätzt. Sonst ist das Kraut dagegen noch ein Geheimtipp. Seine ätherischen Öle beruhigen wie die von Minze sofort. Aus den Blättern lässt sich Tee aufgießen, doch kann man ihr warmes Aroma auch durch bloßes Zerreiben genießen. Pflanzen Sie das bescheidene Gewächs so, dass Sie es im Blick haben – als Stimmungsheber.

Nicht winterhart. Vertrocknet drinnen, lässt sich aber mit Sonne, Wasser und etwas Schnitt wieder zum Leben erwecken.

Currystrauch *Helichrysum italicum*

Aromatische Pflanzen erwachen bei Hitze zum Leben. Je wärmer es wird, desto bereitwilliger geben sie ihre ätherischen Öle preis. Diese können stechend riechen, der Currystrauch aber hat nichts mit asiatischen Gewürzen zu tun. Er gedeiht frohgemut im Kies sowie in der Nähe heißer Pflasterflächen und braucht keinen Schatten. Sein silbriges Laub ist bei Gartenbesitzern als filigrane Einfassung beliebt. Im Verbund mit anderen trockenheitsverträglichen Pflanzen wie Thymian und *Artemisia* lockt seine Duftvielfalt Nützlinge an.

Verholzende Staude. Mit den Zweiglein werden mediterrane Eintöpfe gewürzt.

Nelke *Dianthus*

Nelken sind die Bauerngartenpflanzen schlechthin. Sie duften nachts, obwohl sie auch tagsüber jede Menge Nützlinge locken. Nelken stehen gern in der prallen Sonne. Ihre spitz zulaufenden, silbrigen Blätter bilden Matten entlang von Wegen. Nelken lassen sich mit Kräutern kombinieren und fühlen sich auch im Rosengarten wohl. Zu den empfehlenswerten Sorten zählen 'Mrs Sinkins' und 'Gran's Favourite' (siehe ganz rechts).

Kurzlebig, lässt sich aber gut durch Stecklinge vermehren.

Von oben im Uhrzeigersinn: *Mahonie, Nelke, Zitronenstrauch.*

»Man stellt Berg-Tabak am besten dorthin, wo man seinen würzigen, exotischen Duft genießen kann.«

Berg-Tabak *Nicotiana sylvestris*

Tabakpflanzen sehen so sinnlich aus, wie sie duften – und ganz anders, als der Geruch von getrocknetem Tabak es vermuten lässt. Kleinere Formen werden gern in Töpfen kultiviert. Der wohl spektakulärste Vertreter seiner Gattung ist der Berg-Tabak. Seine hängenden, weißen Trompetenblüten werden von rundlichen, hellgrünen, klebrigen, giftigen Blättern unterstrichen. Man stellt ihn am besten dorthin, wo er nicht vom Wind umgeworfen wird und man seinen würzigen, exotischen Duft genießen kann.

Nicht winterhart. Jungpflanzen im Topf ziehen und vor Schnecken schützen, bis sie nicht mehr so zart sind. Sonne oder Halbschatten. Feuchte, durchlässige Böden.

Duft-Wicke *Lathyrus odoratus*

Duft- oder Gartenwicken umweht wie Rosen ein Hauch von Nostalgie. Die nicht winterharten Einjährigen gehören in den Küchengarten, wo man sie schnell und einfach erreicht, damit man sie häufig schneiden kann, denn das regt die Blütenproduktion an. *Lathyrus odoratus* hat den schwersten und würzigsten Duft zu bieten, vor allem die ältesten Sorten, 'Matucana' und 'Cupani', die es schon seit dem Ende des 17. Jahrhunderts gibt.

Aussaat im Herbst und zeitigen Frühjahr, um die Saison zu verlängern. Vor dem Auspflanzen ein großes Stangenzelt für sie aufstellen.

Gewöhnliche Studentenblume
Tagetes patula

Sorten wie 'Cinnabar' oder 'Linnaeus Burning Embers' sehen mit ihren satten, samtigen Farben so prachtvoll aus, dass man kaum glaubt, wie unkompliziert sie sind. Leider erinnern sie viele an die zu Tode gepflegten Blumenbeete unserer Großmütter, in denen außer scharf riechenden Studentenblumen kaum ein Lebenszeichen zu erkennen war. Setzen Sie sich darüber hinweg und pflanzen Sie sie in Töpfe oder neben Tomaten.

Volle Sonne und Feuchtigkeit. Sie schrecken Weiße Fliegen ab.

Von oben links im Uhrzeigersinn: *Berg-Tabak, Duft-Wicke, Studentenblume.*

Thymian *Thymus*

Eine Duftpflanze, die unser Leben bereichert. Leicht angebraten erinnert ihr Aroma an den vielen Sonnenschein, den sie braucht – je mehr, desto besser. Der Echte und Zitronen-Thymian, zwei niedrige, immergrüne, strauchige Arten, werden am besten in der Küche zum Einsatz gebracht. Der Sand-Thymian ist mit seinen dunkelroten Blüten ein zurückhaltend schöner Bodendecker und macht auch als eine über Einfassungen oder in Pflasterflächen wachsende Randbepflanzung eine gute Figur.

Für offene, helle Standorte. Braucht stark durchlässige, karge Böden.

Stauden-Phlox *Phlox paniculata*

Durch Nordamerikas Wälder weht der Duft von pfeffrigem wildem Phlox, dem Vorfahren unseres Zier-Phlox. Als Waldgewächs braucht Phlox Halbschatten und feuchte, humusreiche Böden. Bekommt er sie nicht, fängt er sich leicht Mehltau ein. Die Farbpalette der verschiedenen Sorten ist groß und reicht von Blau bis Rosa und Violett. Trotz ihrer dunklen Farbe verströmen sie auch nach Einbruch der Dunkelheit noch ihren Duft. *P. paniculata* 'David' ist eine weiße Prachtsorte.

Krautige Staude.

Falscher Jasmin *Philadelphus coronarius*

Ein herrlich zerzauster Strauch mit einem Duft nach Orangenblüten und Jasmin, was seinen Namen erklärt. Der typische Vertreter »romantischer« Gartengewächse war Mitte des 20. Jahrhunderts gefragt und verdient eine Renaissance, etwa als Bestandteil eines Schnittgartens mit Aroma, Textur und ungebändigter Schönheit. Er blüht im Juni und wird anschließend wieder zum unscheinbaren Strauch. Die schönsten und duftstärksten Sorten sind 'Belle Etoile', 'Manteau d'Hermine' und 'Sybille'.

Sonne oder Halbschatten.

Engelstrompete *Brugmansia*

Die frostempfindliche Pflanze kann im Sommer nach draußen gestellt werden. Ihr Duft wirkt fast betörend – vielleicht, weil alle Pflanzenteile giftig sind – und wird unterstrichen durch die exotischen Blüten, die an die Tanzkostüme im Musical *Flying Down to Rio* erinnern und ein herrlich tropisches Fruchtaroma verströmen. Die Pflanze sollte man sich nicht anschaffen, wenn man Kinder oder Haustiere hat. Ihre spiraligen Knospen erinnern an einen geschlossenen Regenschirm. Sie können apricotfarben, gelb, rosa oder weiß sein.

Viel wässern.

Rechts: *Falscher Jasmin.*

SEHEN

Nirgends hat das Sprichwort »Die Schönheit liegt im Auge des Betrachters« mehr Berechtigung als in einem Garten. Für manche wird das Anlegen eines grünen Reichs zum immerwährenden Projekt. Da es nie fertig wird, ist sein Potenzial auch niemals ausgeschöpft. Für andere ist der Weg das Ziel: Jede Phase jeder Saison und jedes vollendete Projekt hält für sie etwas bereit, worüber sie sich freuen können. Dann sind da noch jene, die vor allem klare Kanten und Formen anstreben. Fehlen diese, sind sie der Meinung, keinen Garten, sondern eine Wildnis vor sich zu haben.

Schon ein paar Pflanzen in Violett, Weiß und Grün, hier vertreten durch Lupinen, Lauch und das Silberblatt, können ein Garten sein. Die beiden Letzteren bestechen durch ungewöhnliche Samenstände, die auch nach der Blüte noch Zeichen setzen.

Gedanken über das Sehen und die Schönheit

Jeder Garten sollte einen guten Rahmen haben. Innerhalb dieses Strukturgebers sollte man sich auf Details konzentrieren können, ohne sich um allgemeine Unvollkommenheiten oder Unerledigtes Gedanken machen zu müssen. Die Gestaltung können Sie selbst übernehmen, etwa bei einem Garten hinter dem Haus oder einem städtischen Vorgarten. Befestigte Flächen brauchen Sie, um sich im Garten bewegen zu können. Einige Bäume und Sträucher sorgen für Höhe und Volumen und kaschieren Unansehnliches.

Sichthoheit

In Ihrem Garten werden Sie Dinge im Blickfeld haben, die nicht Ihnen gehören und die Sie nicht unbedingt jedes Mal vor Augen haben möchten, wenn Sie aus dem Fenster sehen. Dagegen kann man etwas tun, allerdings nicht mit einer riesigen immergrünen Hecke, sondern mit einer Art pflanzlicher Gardine. Dazu zählen etwa Gewächse auf der Fensterbank oder, besser noch, die Rose 'Madame Alfred Carrière' direkt unter dem Küchenfenster: Sie wird mit der Zeit ausgreifen und sich bei ausreichend Sonne in das Sichtfeld schieben. Zudem animiert sie Bestäuber und Vögel zu einem Besuch.

Gartengäste

Vögel sind eine willkommene Abwechslung, aber an einem einsamen Vogelbad mitten im Rasen haben sie kein Interesse. Kleine Arten brauchen ein Versteck in der Nähe. Rosen um ein Fenster sind für sie eine Extraeinladung, vor allem, wenn noch eine transparente Futterstation mit Saugnäpfen an der Scheibe befestigt ist. So können sie in der Rose sitzen und überlegen, ob sie sich in das Häuschen wagen. Sobald Blaumeisen das Gefühl haben, dass ein Besuch unbedenklich ist,

Der Vorgarten als Fläche zwischen Haus und Straße bietet allerlei Gestaltungsraum. Gräser sorgen für Bewegung und lenken die Aufmerksamkeit auf die Blüten.

werden sie nebenbei noch Blattläuse von den Rosenknospen picken. Pflanzen in der Gartenmitte eignen sich als Blickfang. Gräser bewegen sich beim leisesten Lufthauch und sind eine schöne Kulisse für langstängelige Nachbarn wie *Dianthus carthusianorum*. Auch Bäume mit lichter Krone, etwa Birken, taugen zum Verschleiern unangenehmer Ausblicke, nicht nur am Gartenrand. Pflanzen Sie auch Bäume in die Mitte, damit viel Vordergrund den Hintergrund kaschiert.

Zuzusehen, wie Besucher den eigenen Garten genießen, macht Spaß, vor allem, wenn diese Gäste der Tierwelt angehören. Manchmal reicht schon eine flache Schale in der Nähe von Sträuchern, um Igel, Vögel und Nützlinge auf den Plan zu rufen. Oder Sie stellen gleich einen größeren Trog auf, in dem Seerosen zeigen können, was sie draufhaben. Wenn Sie in diesem Wasserelement auch noch eine sehr zurückhaltend arbeitende Pumpe installieren, dann haben Sie weniger Mücken, dafür aber umso mehr Vögel im Garten.

Mehr Licht

Pflanzen brauchen mehr Licht als Wasser, und auch wir Menschen sind nicht sonderlich erpicht darauf, unsere Zeit in der Düsternis zu dunkler Gärten zu verbringen. Dafür aber gleich einen ganzen Baum fällen zu lassen, obwohl ein Ausdünnen gereicht hätte, wäre eine etwas überhastete Maßnahme. Ein Rankgitter muss nicht komplett von einer *Clematis montana* überwuchert werden – auch ein halbtransparenter Sichtschutz bewahrt vor neugierigen Blicken und lässt trotzdem noch Licht durch. Wenn Ihnen außer dem einen oder anderen Spaziergänger oder Autofahrer niemand in den Garten sieht, können Sie die Randbepflanzung niedrig halten. Licht verändert sich mit den Jahreszeiten: Im Herbst zaubern schräg einfallende Sonnenstrahlen eine magische Atmosphäre in Ihr Grün und lenken die Aufmerksamkeit auf Bäume, die bereits die Farbe wechseln. In diesem Fall sollten Sie nach draußen eilen und das Schauspiel wie einen spektakulären Sonnenuntergang genießen. Wenn Gräser zu dieser Jahreszeit nicht durch Gegenlicht in Szene gesetzt werden, sind sie fehl am Platz und gehören umgepflanzt.

Eine Landschaft im Garten

Wer hinschaut, sieht mehr. Wenn Sie auf dem Land oder neben einem großen Park wohnen, bieten die Bäume in der Nähe unzählige winzige Details. In jeder Jahreszeit tun sich Besonderheiten auf, die im vorigen Jahr noch nicht so augenfällig waren. Im Herbst können das die dunkelroten Beeren in einer Hecke mit farbenfrohem Laub sein, etwa weil es ein

Blütentreffen in der Mitte: Hier wächst Wiesen-Kerbel nach oben – dorthin, wo bereits Obstblüten warten.

gutes Beerenjahr ist oder Ihnen der Strauch bisher einfach noch nicht aufgefallen ist. Im Frühjahr ist monatelang eine Abfolge von Blüten zu beobachten, angefangen von Schlehen, die schon im März Bienen anlocken, über die weißen Florbüschel von Felsenbirnen und Kirschen bis hin zu den allgegenwärtigen weißen Blütenwolken des Wiesen-Kerbels.

Zu Saisonbeginn lenken Schneeglöckchen und Winterling den Blick in Bodennähe. Schlüsselblumen und andere Primeln kennt fast jeder, aber einige Wochen später fallen auch schon die ersten Kräuter am Wegrand ins Auge. Ihre Vulgärnamen unterscheiden sich oft von Region zu Region, geben aber fast immer Auskunft über ihre Verwendung; meist dienten sie als Heilpflanze gegen allerlei Beschwerden. Die Braunelle etwa wurde früher gegen Diphtherie eingesetzt, eine Krankheit, die den Rachen braun färbt.

Ein Blick auf die örtlichen Wildblumenbestände kann bei der Entscheidung helfen, welche Art von Pflanzen im eigenen Garten womöglich reüssieren. Lassen Sie sich bei Ihren Kombinationen von der Natur inspirieren. Im Juni verraten fruchtbare Straßenbankette, was unter welchen Bedingungen harmoniert, etwa der Wiesen-Storchschnabel mit höherem, cremeweiß blühendem Mädesüß. Im Garten wird sich das Mädesüß selbstbewusst ausbreiten, sofern ihm die Bedingungen behagen, was aber kein Grund ist, es sich nicht anzuschaffen. Dafür haben die winterharten Storchschnäbel einen Platz im Pantheon der nützlichsten Gewächse sicher: *Geranium* 'Brookside' passt farblich gut zur Wildversion. Der Gewöhnliche Teufelsabbiss (*Succisa pratensis*) gehört zu den schönsten Farbtupfern mit runden Blüten. Will man ihn im Garten platzieren, orientiert man sich am besten an Magerwiesen, die mit seinen lila Blütenkügelchen durchsetzt sind.

Der Gewöhnliche Teufelsabbiss ist eine klassische Wildblume und bringt sofort Wiesenstimmung in den Garten. Er harmoniert farblich perfekt mit Wiesengras.

Die Kunst des Staunens

Wer im Sommer genau hinsieht und die Feinheiten der Saison schätzen lernt, wird auch im Winter mehr wahrnehmen. Gerade die kälteren Monate sind eine gute Gelegenheit, aus dem Fenster zu blicken und den kahlen Garten auf sich wirken zu lassen. Betrachten Sie die Formen und Silhouetten: Tut einem Baum der viele Efeu gut, der seine Linien verschwimmen lässt? Kann man Sträucher, die einen Baum in Bedrängnis bringen, nicht umpflanzen? Soll man noch ein paar Schneeglöckchen bestellen? Optische Highlights des Winters sind die Umrisse: kahle Eichenäste, die wie umgedrehte Baumwurzeln aussehen, die Struktur einer Mauer, die nunmehr sichtbaren, an überraschenden Orten gebauten Vogelnester. Gehen Sie nach einer Raureifnacht hinaus, wenn dunkle immergrüne Blätter detailliert nachgezeichnet sind und kristalline Spinnweben die Bedeutung einer Hecke als Lebensraum erahnen lassen.

Der Winter ist eine unterschätzte Jahreszeit, deren Vorzüge man genießen sollte. Die Zaubernuss braucht ein bisschen Platz um sich und etwas Gegenlicht durch die niedrige Wintersonne, dann präsentiert sie stolz ihren Winterflor. Ihre fädigen, oft duftenden Blüten erhellen das Grau mit wärmsten Farben und stellen das kalte Rosa und Lila vieler winterlicher Duftgewächse locker in den Schatten. Wenn es um Eleganz geht, nimmt die Christrose es locker mit jedem Sommerblüher auf. Besonders geschätzt wird sie zum Winterende, wenn sie monatelang blüht und sogar Schneeglöckchen und Krokusse kommen und gehen sieht. Auch *Crocus tommasinianus* (die kleine Art für Rasen) zeigt sich mit ihren lila Blüten- und orangefarbenen Staubblättern früh und verheißt die Ankunft des Frühjahrs.

Krokusse gehören zu den schönsten Frühlingsboten, nicht zuletzt wegen ihrer intensiven Farbkombination. Einen großartigen Anblick bieten sie in müdem altem Gras zwischen Resten von Herbstlaub und abgefallenen Zweigen.

Wenn Sie nur Platz für einen einzigen Baum haben, pflanzen Sie einen Holzapfel. Er sieht fast das ganze Jahr gut aus und bringt Naturgeräusche in den Garten, aber auch Duft und etwas zum Anfassen. Wer weiß, vielleicht animiert er Sie sogar zum Einkochen von Gelee.

Multitasking-Pflanzen

Manche Pflanzen werden dem typischen Gartencenter-Versprechen »lange schön« gerecht und präsentieren sich in mindestens zwei Jahreszeiten lang in Höchstform. Ein solcher Allrounder ist der Holzapfel mit seinen hübschen, oft gleichzeitig rosa und weißen Blüten (zwischen ihm und manchen der mitunter schwierig zu platzierenden Zierkirschen liegen Welten). Holzäpfel gehören zu den besten Insekten- und Vogelbäumen. *Malus* x *robusta* 'Red Siberian' behält seine Bündel aus sauren, scharlachroten Äpfeln einen Großteil des

Winters. Es ist faszinierend, den Amseln zuzusehen, wie sie sich festkrallen und die Früchte verspeisen. Was sie übrig lassen, machen später Wacholder- und Rotdrosseln nieder, die sich aus den gefrorenen Feldern in die Gärten wagen. Manche Holzäpfel tragen orange und ockergelbe Früchte, die im Winter an kahlen Zweigen förmlich leuchten – genau wie die Beeren der Eberesche, einem weiteren Vogelfavoriten.

Es gibt Multitasking-Pflanzen mit großartigem Laub, schönen Proportionen und einnehmendem Wuchs. Sie blühen monatelang und werden mit jedem Jahr schöner. Zu diesen Alleskönnern zählen Hortensie und Wolfsmilch. Höhere architektonische Gewächse mit ansprechender Textur sind Engelwurz, Artischocke und Riesen-Fenchel. Auch die Karde darf dazugezählt werden, außerdem der Große Schuppenkopf (*Cephalaria gigantea*), der mit seinen hellgelben Blüten an langen, verzweigten Stängeln über hübschen Blatthorsten als sommerlicher Sichtschutz eingesetzt werden kann. Türkischer Mohn bewährt sich mit grüner Textur und bereiften Samenständen, aber seine Blüten aus dem roten und violetten Spektrum setzen noch eins drauf. Bart-Iris entfacht ein Blütenfeuerwerk über strukturiertem Laub.

Das Welken einer Blüte kann so schön anzusehen sein wie ihre Entfaltung, etwa bei Schnitttulpen. Durch Lichtmangel und Verfall verändern sie kontinuierlich ihr Aussehen, vor allem Papageientulpen. In kühlen Räumen kann diese Entwicklung zwei Wochen dauern.

Auch Rosen sehen täglich anders aus: Die rosa 'Gertrude Jekyll' verwandelt sich binnen ein, zwei Tagen von der elegant gefalteten Knospe zur makellosen Schönheit und schließlich zur derangierten Lebedame.

IM FOKUS

Bestäuber

»Lästlinge« nennen wir Tiere, die keine Schädlinge sind, aber nerven. Da sie auch Pflanzen bestäuben, sollten wir unsere Einstellung zu ihnen vielleicht überdenken. Selbst die Schmeißfliege mit dem unappetitlichen Namen *Calliphora vomitoria* ist nützlich, weil sie von zersetzendem Material lebt. Wespen sind Pollenfresser und im Nebenberuf Bestäuber. Sie werden von Doldenblütlern wie Fenchel und Engelwurz angelockt und bieten im Sommer ein beeindruckendes Schauspiel, wenn sie sich auf den violetten Dolden von *Angelica gigas* drängeln.

Eine ansprechendere Bestäuberin ist die fast durchscheinende Florfliege mit ihren hauchzarten Flügeln über schlankem, neongrünem Körper. Ihre Larven sind nimmersatte Blattlausvertilger, was auch für den Nachwuchs der Schwebfliege gilt. Schwebfliegen sehen aus wie Wespen mit Fliegerbrille, die konzentriert über bestäuberfreundlichen Pflanzen schweben.

Die ersten Bestäuber der Erdgeschichte waren Käfer. Magnolien entstanden, um sie anzulocken, noch bevor es Bienen gab. Überhaupt haben sich Pflanzen und Bestäuber parallel zueinander entwickelt. Manche Schmetterlinge haben so lange Rüssel, dass sie damit in röhrenförmige Blüten vordringen können, ohne zu landen, andere nutzen spezielle Landeplätze. Fledermäuse bestäuben Agaven und Bananen, Kolibris mit ihrem rüsselähnlichen Schnabel trichterförmige Blüten.

Die Larve, dein Freund und Helfer

Marienkäfer bestäuben zwar Blüten, sind aber vor allem an Blattläusen interessiert. Verspeist ein Käfer eine zappelnde Laus, ist das ein makabrer und zugleich befriedigender Anblick. Wenn die Tiere im Sommer häufiger werden, erledigt sich das Blattlausproblem meist von selbst. Marienkäferlarven (siehe S. 13) sehen aus wie Minikrokodile. Sie fressen täglich ihr Eigengewicht in Blattläusen – und Tausende weitere als adulte Tiere. Deshalb: Tun Sie ihnen nichts!

Schwebfliegen sehen aus wie Wespen mit Fliegerbrille. Sie sind emsige Bestäuber und Gartengäste, denen man gern zusieht.

Die Wissenschaft des Sehens

Die Fotorezeptoren bzw. Sehzellen von Tieren sind in der Regel lichtempfindlicher als die von Menschen, die viel Helligkeit brauchen und bei Dunkelheit relativ schlecht sehen. Eulen als Nachtjäger dagegen sehen im Dunkeln sehr gut. Das ist zum Teil auf das Tapetum zurückzuführen, eine reflektierende Schicht hinter der Netzhaut, die das Licht zweimal durch die Netzhaut schickt. Bei den meisten Tieren sind Sehen und Jagdverhalten eng miteinander verknüpft.

Für Menschen unsichtbar sind die Signale, die eine nektartragende Blüte und ein Schmetterling austauschen – einfach, weil wir sie nicht zum Überleben brauchen. Die meisten Bestäuber (Insekten, Vögel und viele Fledermäuse) sehen ultraviolette Male auf Blüten. Sie bilden oft eine Art Zielscheibe um die Nektarquelle. Hinzu kommen Muster auf den Blütenblättern, die den Tieren wie Landestreifen den Weg weisen.

Die Linse des menschlichen Auges hingegen blockiert ultraviolettes Licht. Deshalb sieht die Blüte einer Nachtkerze für uns becherförmig und gelb aus. Könnten wir UV-Licht wahrnehmen, würde sie eher einer Nelke mit hellen Blütenblättern und dunklerem, strahligem Auge ähneln. Was für uns der RGB-Farbraum ist (mit den drei Grundfarben Rot, Grün und Blau, dem Spektrum menschlichen Sehens), ist für Bienen Ultraviolett, Grün und Blau. Dafür erkennen sie Rot nicht, eine für Schmetterlinge und andere Bestäuber wichtige Farbe. Bienen fliegen auf Blau, Violett, Weiß und Gelb.

Für Insekten sind Facettenaugen überlebenswichtig. Dank der vielen Fotorezeptoren pro Auge nehmen sie schnelle Bewegungen viel leichter wahr als größere Lebewesen mit Einlinsenaugen. Eine Libelle etwa hat Facettenaugen aus bis zu 30 000 Einzelaugen bzw. Ommatidien. Deshalb sieht sie die Welt praktisch in Zeitlupe.

Eine Blüte, die für uns Menschen einfach nur gelb aussieht, hat Markierungen, die UV-sensitive Bestäuber schnurstracks zum Nektar lotsen.

Schönheit unterstreichen

Selbst Menschen, die kräftige Farben bevorzugen, werden oft zurückhaltend, wenn es um Farbgestaltung mit Pflanzen geht. Das liegt sowohl an gärtnerischen Erwägungen (wie passen intensive Töne zu den anderen Farben im Garten?) als auch an kultureller Prägung (kann ich mit leuchtendem Orange leben?). Viele sind sich zudem nicht sicher, ob sie Harmonien und Kontraste so hinbekommen, wie in der Farbentheorie gefordert. Wirken Blüten zu schreiend, etwa bei einem blutroten Rhododendron, dann liegt es womöglich daran, dass sie im falschen Gartenkontext stehen. Wenn dagegen Gartengurus Ungewöhnliches wagen, wird es oft als kreativ bewundert – man denke nur an den Sunset Garden auf Sissinghurst Castle, der trotz seiner überwiegend gelben, orangen und roten Farbpalette als virtuos akzeptiert wird. Und auf der berühmten Londoner Chelsea Flower Show brachte Gartenarchitekt Dan Pearson mit warmen, goldgelben Azaleen Licht in den Waldgarten des Chatsworth House und sicherte sich trotz des Einsatzes von Gelb den Preis für den besten Garten.

Mit Grün lassen sich leuchtende Farben unter einen Hut bringen, denn zu Grün passt alles. Man braucht jedoch viel davon, nicht nur eine Grasfläche und Bäume, sondern auch ansprechend geformte und texturierte Blattschmuckpflanzen, die sich im Wind bewegen und für sich interessant sind. Grün ist selten nur grün: Es kann leuchtend und frisch, silbrig grau, panaschiert oder bereift sein. Blattschmuckpflanzen brauchen keine Blüten, um schön auszusehen. Eine Funkie wie *Hosta* 'Empress Wu' sieht ohne ihre helllila Blüten an langen Stängeln im Sommer sogar besser aus. Manche Gartenfreunde legen viel Wert auf Sichtachsen, etwa gerade Linien mit geschnittenen immergrünen Gewächsen, am besten ohne Ablenkung durch Farbtupfer. Andere verweisen wie der berühmte Landschaftsarchitekt William Kent im 17. Jahrhundert darauf, dass die Natur keine geraden Linien kennt.

Die Sonnenbraut bietet intensive Farben auf und beschert Bestäubern ein Festmahl. *Helenium* 'Sahin's Early Flowerer' harmoniert mit viel Grün.

»So sind die Blumen wohl die Liebesgedanken der Natur, von denen sie auch wiedergeliebt wird.«

Bettina von Arnim, 1844

Pflanzen zum Sehen

Pfingstrose *Paeonia*

»Dank ihrer Größe und Brillanz beeindrucken sie sogar von Weitem«, schrieb William Robinson, Urvater des Naturgärtnerns. Er riet, Pfingstrosen in Grasflächen unter Bäumen zu pflanzen, weil sie dort länger blühen als in voller Sonne. Holzige Strauchpfingstrosen mit hoher Krone präsentieren ein auffällig gefiedertes Laub und recken Samenstände in die Höhe, die an Narrenhüte erinnern. Intersektionelle Pfingstrosen bieten das Beste beider Welten, sind allerdings nicht billig.

Strauchpfingstrosen brauchen Winterschutz. Staudenpfingstrosen pflanzt man flach. Wichtig: nährstoffreiche Böden.

Christrose *Helleborus × hybridus*

Die Palette der Farbkombinationen reicht von schwarzviolett mit zartgelben Staubfäden bis Apfelgrün mit Dunkelrot. Es lohnt sich, in Qualitätssorten zu investieren und Hybridisierung zuzulassen (allerdings mit Vorsicht, damit die Farben nicht verwässern). Entfernen Sie unschönes altes Laub, sodass nur die Stängel und eleganten Blüten mit einem kleinen Kragen frischer Blätter bleiben.

Brauchen einen waldbodenähnlichen, geschützten Lebensraum mit Halbschatten und durchlässigem, gemulchtem Boden.

Fackellilie *Kniphofia*

Wie wichtig der Kontext ist, zeigt diese dekorative Blume. Sie wurde einem Inselbeet aus den 1970er-Jahren mit versengter Erde entnommen und zwischen üppig grünes Laub gepflanzt. Ihre Sonnenuntergangsfarben lassen einem das Herz aufgehen. *Kniphofia rooperi* bringt noch im Oktober Farbe in den Garten. Sie setzt einen schönen Kontrapunkt zum gefiederten, blaugrün bereiften Laub von *Melianthus major*, während eine Zwergkiefer die Röhrenform der Blüten unterstreicht.

Volle Sonne, Lehm- oder Sandboden.

Passionsblume *Passiflora*

Die Gattung *Passiflora* setzt sich aus Hunderten von Arten zusammen, die oft ganz spezielle Bestäuber wie Fledermäuse und Kolibris anlocken. Zu Recht gelten Passionsblumen als »Wunder der Pflanzenwelt« mit seltenen botanischen Merkmalen wie einem Deckel über der Nektarquelle, der sich nur für Bestäuber öffnet, die zuvor bereits den Pollen passiert haben. Viele Arten, darunter *P. edulis* mit essbaren Früchten, eignen sich für das Gewächshaus, *P. caerulea* ist sogar freilandtauglich bis etwa –15 °C.

Winterschutz für *P. caerulea*. Volle Sonne oder Halbschatten, nährstoffreiche Erde.

Von oben links im Uhrzeigersinn: *Passionsblume, Christrose, Pfingstrose, Fackellilie.*

»Züchter experimentieren seit Langem mit Farben, Rüschen, Äderungen und der Tönung der Bärte, jenem bürstenartigen Streifen auf den drei Hängeblättern.«

Von oben im Uhrzeigersinn: *Montbretie 'Lucifer', Deutsche Schwertlilie, Rundblättrige Tithonie.*

Montbretie *Crocosmia*

Sie zeigen im Spätsommer Prachtblüten an übergebogenen Stängeln in wärmsten, feurigen Farben. Die spektakuläre rote 'Lucifer' ist mindestens zweimal so groß wie die üblichen orangen Sorten, obwohl diese afrikanischen Pflanzen aus der Familie der Schwertliliengewächse ähnliche Blütenstände in intensiven Farben über schwertförmigen, mittelgrünen, gefältelten Blättern tragen. Sie lassen sich leicht durch Teilung der knollenartigen Rhizome vermehren. Für neue Pflanzen verwendet man die obersten, frischesten Knollen.

Vollsonnig bis halbschattig. Feuchte, durchlässige Böden. Darf etwas exponiert stehen.

Deutsche Schwertlilie *Iris germanica*

Ihre Blütenstruktur ist von einer solchen Vollendung, dass sie einst sogar für das jahrhundertealte heraldische Liliensymbol Fleur-de-Lys Pate stand. Obwohl es Schwertlilien für fast jede Jahreszeit und alle Bedingungen – von trockenen Standorten bis hin zu Teichufern – gibt, trägt die Deutsche Schwertlilie doch die prachtvollste Blüte. Züchter experimentieren seit Langem mit Farben, Rüschen, Äderungen und der Tönung der Bärte, jenem bürstenartigen Streifen auf den drei Hängeblättern.

Braucht volle Sonne, sehr gute Drainage und Einzelstellung. Rhizome so pflanzen, dass die obere Hälfte aus dem Boden herausragt und von der Sonne beschienen wird.

Rundblättrige Tithonie *Tithonia rotundifolia*

Die behaarten Stängel enden in perfekt proportionierten, kürbisorangen Blüten. Warmgelbe Staubblätter akzentuieren die Farbe der Blütenkörbe. Die Pflanzen werden fast 2 m hoch und beweisen, dass die Natur die besten Designideen hat. Die Art ist nicht winterhart, blüht jedoch vom Spätsommer bis zu den ersten Frösten. Sie wird gern von Schmetterlingen aufgesucht. Besonders empfehlenswert: die Sorte 'Torch'.

Drinnen aussäen und auspflanzen, sobald sie kräftig genug sind, Schnecken zu widerstehen.

Riesen-Natternkopf *Echium pininana*

Die Blüten der mit dem Gewöhnlichen Natternkopf (*Echium vulgare*) verwandten Art erinnern tatsächlich an Schlangenköpfe, und die zungenartigen Blätter verstärken diesen Eindruck noch. *E. pininana* kann mehr als 4 m hoch werden, verträgt aber nur geringe Minustemperaturen; besonders empfindlich sind die großen Blattrosetten im ersten Jahr. Die Art sät sich selbst aus und bildet wie Fingerhüte naturnahe Kolonien.

Volle Sonne, stark durchlässige Böden. Im kühlen Gewächshaus überwintern.

Ritterstern *Hippeastrum*

Rittersterne blühen im Winter drinnen und bereichern die stille Saison um samtige Farben und exotische Formen. Sie treiben aus großen Zwiebeln aus und schieben ihre Knospen an dicken Stängeln langsam nach oben, um ihre Blüten schließlich feuerwerksgleich zu öffnen. Weihnachtssterne sind regelrechte Langweiler gegen sie. Eine mit Liebe kultivierte Blüte übertrifft als fantasievolles, romantisches Geschenk sogar importierte Rosen (und ist außerdem umweltfreundlicher).

Drinnen an einem hellen, aber nicht heißen Standort kultivieren. Ab dem Austrieb wässern. Mit langen Zweigen stützen.

Libanon-Zeder *Cedrus libani*

Der majestätische Baum mit seinen horizontal angeordneten Ästen erreicht eine stattliche Höhe und Breite. Er kommt in freier Natur an Felshängen im östlichen Mittelmeerraum vor. Junge Exemplare erinnern ein bisschen an Weihnachtsbäume mit schlaffen Zweigen. Bis eine Libanon-Zeder ordentliche Dimensionen erreicht, dauert es 50 Jahre – und selbst dann hat sie noch gut und gern 200 Jahre vor sich. Man findet sie oft neben Schlössern und Herrenhäusern – und in Parks.

Braucht gute Drainage – und Geduld!

Schachblume *Fritillaria*

Kaum eine Pflanze hat eine perfektere Form, ausgewogenere Proportionen und einen höheren Zierwert zu bieten als die Schachblume (*F. meleagris*). Das Äußere der Blüten zeigt ein geometrisches, schachbrettartiges Muster, während ihre Form an Schachteln mit abgerundeten Ecken erinnert. Schlanke Blätter und dünne Stängel vervollständigen das Bild. Zu den Schachblumen zählt auch die orange oder gelbe Kaiserkrone (*F. imperialis*), die als Erstes blüht, und die Persische Kaiserkrone (*F. persica*).

Die Zwiebeln stellen unterschiedliche Ansprüche, brauchen aber durchlässige Erde.

Von oben im Uhrzeigersinn: *Libanon-Zeder, Schachblume, Ritterstern.*

»Die zerknüllten seidigen Blüten trumpfen mit spektakulärsten Partyfarben von leuchtendem Lachsrosa über tiefes Rot bis zu hellem Rosa oder Violett auf.«

Türkischer Mohn *Papaver orientale*

Sein gefiedertes Laub gehört im Frühjahr zu den frühesten grünen Farbtupfern im Garten und gibt noch schlummernden Rabatten eine erste Struktur. Die großen, behaarten, silbrigen Knospen verkürzen die Wartezeit, bis die zerknüllten, seidigen Blüten mit spektakulärsten Partyfarben von leuchtendem Lachsrosa über tiefes Rot mit schwarzen Akzenten bis zu hellem Rosa oder Violett auftrumpfen. Sorten haben mehr zu bieten als die Wildart mit ihrer fluoreszierenden Tomatensuppenfarbe.

Sonne oder Halbschatten; in durchlässige Böden pflanzen, dann in Ruhe lassen. Setzt man sie um, brauchen sie lange, um sich zu erholen.

Schildblatt *Darmera peltata*

Die Pflanze mit dem passenden Namen offenbart, wie sehr eine Blattschmuckstaude einen Garten bereichern kann. Sie wird vor allem wegen ihrer dekorativen, rundlichen Blätter kultiviert. Ihre Zugehörigkeit zur Familie der Steinbrechgewächse wird deutlich, wenn sich im Spätfrühling rosa Blüten an langen Stängeln öffnen. Die Blätter haben rund 50 cm Durchmesser, werden etwa 1 m hoch und färben sich im Herbst vor dem Einziehen rot. Das Schildblatt ist winterhart und breitet sich mit Rhizomen aus. Wenn die Horste zu groß werden, teilt man sie im Frühjahr.

Halbschatten oder volle Sonne. Gedeiht an Ufern oder in dauerhaft feuchten Böden.

Striemensame *Molopospermum peloponnesiacum*

Gelbe Dolden an kräftigen, frischgrünen Stängeln über farnartigem Laub sind die unverwechselbaren Kennzeichen dieser stolzen Staude. Ihre Blütenstände reflektieren das Licht und machen sie unübersehbar. Wegen des ausladenden Laubs braucht der Striemensame 1 m Platz rundherum und kann 1,5 m hoch werden. Er ist winterhart und sollte wie alle Doldenblütler im Herbst frisch ausgesät werden, wenn die Pflanze auch in freier Natur Samen ansetzt.

Vorzugsweise Halbschatten, durchlässige, feuchtigkeitsspeichernde Böden, viel Platz.

Links: *Türkischer Mohn.*

Seerose *Nymphaea*

Eine ausgesprochen schöne Pflanze. Da jeder Garten ein Wasserelement haben sollte, dürfte es nicht schwierig sein, sie unterzubringen. Es gibt sogar Zwergseerosen, die in Schalen oder Miniteiche passen. Mittelgroße und große Sorten bieten dafür eine größere Bandbreite an Farben und Blüten mit elegant gefleckten, gestreiften oder marmorierten Blättern in Rot über Grün oder Dunkelrot. Seerosen bieten Schatten für Frösche, locken Libellen an und hemmen den Algenwuchs im Wasser.

Zieht im Winter bis auf das Unterwasserrhizom ein. Welke Blätter und Blüten im Sommer unterhalb der Wasseroberfläche abschneiden.

Rostrote Rebe *Vitis coignetiae*

Die Blätter fallen durch ihre Äderung ebenso wie durch ihre gelappte Form auf. Im Herbst erstrahlen sie in hellem bis dunklem Rot mit grünen Einsprengseln. Die Rebe überwuchert ihre Stütze nicht völlig, sondern bedeckt sie nur leicht. Besonders gut macht sie sich vor Gebäuden aus Sand- oder Eisenstein, dient aber auch zum Kaschieren wenig ansehnlicher Elemente. Sie ist wüchsig und braucht viel Platz.

Sonne bis Halbschatten, durchlässige Böden.

Reispapierbaum *Tetrapanax papyrifer*

Die exotischen, baumartigen, bis zu 4 m hohen Gewächse werden wegen ihrer riesigen, handförmigen Blätter gezogen. Der Reispapierbaum kann je nach Klima immergrün, sommergrün oder staudig wachsen. In Mitteleuropa bleibt er meist staudig, da er nur wenige Minusgrade verträgt. Er macht sich gut als Bestandteil eines strukturbetonten Exotengartens. Die Triebe und Blattunterseiten sind dekorativ behaart.

Sonne oder Halbschatten, geschützte Plätze.

Schmucklilie *Agapanthus*

Nach all den Rot- und Violetttönen des Frühjahrs bringen sie mit ihrem Indigoblau oder je nach Sorte auch hellem Blau und sogar Weiß im Sommer Abwechslung in den Garten. Die stattlichen Pflanzen kommen vor allem in großen Töpfen zu mehreren arrangiert gut zur Geltung. Wer kein Freiland hat, ist mit ihnen bestens bedient, denn durch die Topfkultur können sie überall platziert und als nicht winterharte Stauden nach drinnen gebracht werden. Ihre Horste aus bandförmigen Blättern werden zum Teil über 1,5 m hoch.

Gedeiht auch in engen Töpfen. Braucht gute Drainage. Bei starker Durchwurzelung umtopfen.

Von oben im Uhrzeigersinn: *Seerose, Reispapierbaum, Schmucklilie.*

HÖREN

Tiere sind die Virtuosen im Orchester der Freiluftklänge, doch Pflanzen steuern die Begleitung bei. Die Stärke des Windes beeinflusst das Timbre ihres Raschelns: Wo eine Birke mit ihren kleinen Blättern und biegsamen Zweigen leise säuselt, raschelt ein Bambus schon vernehmlicher. Jagt ein Sommersturm durch eine voll belaubte Baumkrone, hört sich das an wie das Tosen eines aufgewühlten Meeres. Verlässlicher und vorhersehbarer geben Insekten und Vögel ihre Weisen zum Besten. Jubiliert eine Grille in höchsten Tönen, lässt sich durch konzentriertes Zuhören und mit ein bisschen Mathematik die Temperatur errechnen, denn je wärmer es ist, desto schneller zirpt sie. In den warmen Monaten des Jahres prägen tierische Brautwerbung und Revierverteidigung die Klanglandschaft.

Leises Rascheln und lichter Schatten: Birken zeichnen sich durch Zurückhaltung aus.

Gedanken zu Klängen und Gesängen im Garten

Wenn Ihr Fleckchen Erde im Frühjahr zum Leben erwacht, wissen Sie: Es wird wieder laut im Garten. Nicht jeder nimmt den Kontrast zwischen schneegedämpften Winterklängen und dem Weckruf des Frühlings wahr, aber eine gewisse Vorfreude beim Austrieb von frischem Grün ist universell. Nach ersten wässrigen Sonnenstrahlen bringen warme Tage wieder die Naturklänge zum Vorschein, etwa das Brummen einer Hummel oder den durchdringenden Sopran des Rotkehlchens. Weil es uns gerade jetzt – oft das erste Mal nach Monaten – in den Garten zieht, sind sie umso vernehmlicher. Andere Vögel zwitschern, Krähen krächzen – tun sie es ununterbrochen und in der Luft, kann es sein, dass ein Habicht um ihr Nest kreist. Rotmilane stoßen einen hohen Pfiff aus, der so gar nicht zu ihrem majestätischen Aussehen passt.

Der Frühling ist da

Sobald die Sonne scheint, greifen viele zu ihren Elektrogeräten und bringen die Hecken auf Vordermann. Während dem Röhren des Rasenmähers noch der Hauch des Notwendigen anhaftet, kann die Heckenschere schon als antisozial ausgelegt werden, weshalb man den Schnitt am besten an Werktagen durchführt. Auch Hunde melden sich nun verstärkt zu Wort. Im Herbst wiederum verlagern Laubbläser die Blätter mit unglaublichem Lärm (und Dreck) von einer Seite zur anderen. So ist der Garten heute nicht mehr unbedingt ein Ort stiller Einkehr. Der Vorteil von Hausgärten, die kleiner sind als der durchschnittliche Schlosspark und nicht für die Allgemeinheit offen: Es gibt dort keine Regeln. Wer aber der Natur mit einem Arsenal an Werkzeugen und Giften zu Leibe rückt, ist selbst schuld. Arbeiten Sie lieber mit der Natur als gegen sie – das ist erfolgreicher und weniger mühsam.

Ein Frühlingsgarten ist nicht nur erfüllt von neuen Farben und frischem Wuchs, sondern auch von Geräuschen. Insekten stellen sich ein, die Menschen gehen wieder nach draußen, und Vögel kehren aus dem Winterurlaub zurück.

Freiluftkonzerte

Im März geht von der blühenden Schlehe ein Summen aus, das immer lauter wird, je mehr man sich ihm nähert, und das keinen Zweifel daran lässt, dass dieser typische Wildheckenstrauch die Aufmerksamkeit der lokalen Bienenwelt auf sich gezogen hat. Setzt man sich im Frühjahr still – und ohne Handy – in den Garten, vernimmt man »Mikroklänge«, denen nachzugehen sich lohnt. Sogar das Grünwerden von Hecken ist hörbar: Die trockenen Blätter von Hain- und Rotbuchen, die noch vom Winter am Zweig hängen, werden vom Wind und den herausdrängenden frischen Knospen gelöst und auf den Boden geworfen. Rotbuchenblätter verursachen auf Pflaster und Kies ein typisches Kratzen. Laut – und schön anzusehen – sind die Bäume auch im Herbst, wenn sie ihr bronzefarbenes Laub regnen lassen. Es ist glänzender, härter und damit geräuschvoller als das vieler anderer sommergrüner Arten. Durch einen Laubhaufen hindurchzulaufen ist ein raschelnder Genuss, für den man niemals zu alt wird.

Von allen Sinnen, die draußen beansprucht werden, ist das Hören der stimmungsförderndste. Musik im Freien kann anregend sein, etwa ein Quartett in einem Amphitheater aus Gras oder der Sänger beim Dorffest. Aber es gibt auch noch ein Nonstop-Orchester, das Tag und Nacht spielt. Nächtliche Geräusche sind bezaubernd, wenn wir sie im sicheren Bett hören: eine klagende Eule, Regen, der ans Fenster prasselt, das Bellen eines Fuchses oder Dachses (oder ist es gar ein Wolf?). Weniger beruhigend sind da schon Kratzgeräusche auf dem Dachboden und andere Lebenszeichen wilder Tiere am falschen Ort. Aber nicht nur Tiere tragen zum Hintergrundrauschen bei, auch klackende Bälle und kreischende Kinder tun das Ihre. Der Sommer hat seinen eigenen Soundtrack.

Rotbuche, Eiche und Edelkastanie gehören alle zu ein und derselben Familie (Fagaceae). Ihnen gemeinsam ist das derbe Laub, das hörbar zu Boden fällt. Weitere herbstliche Geräuschquellen sind Bucheckern, auf die man tritt.

Bei Tagesanbruch genießen Tiere die Zeit, die sie für sich haben, solange die meisten Menschen noch im Bett sind. Fährt man um fünf Uhr morgens über das Land, begegnet man Rotwild, Hasen und Füchsen, die es weniger eilig haben als sonst. Tauben auf der Straße nehmen kaum Notiz von den Fahrzeugen, die an ihnen vorüberbrausen.

Im zeitigen Frühjahr kann man bei einem Spaziergang an einem bewaldeten Teich oder See einen Chor aus hell blökenden Lämmern und ihren guttural mähenden Müttern hören, in den vielleicht Saatkrähen, Fasane und Fischreiher einstimmen, begleitet von Flügelschlägen, deren Echo zwischen den Bäumen und dem Wasser hin und her geworfen wird. Jetzt ist auch die Zeit, eine Nachtigall zu hören – ihrem viel gerühmten Gesang wollte man schon immer einmal lauschen. Geplätscher und Plumpser lenken die Aufmerksamkeit wieder auf das Wasser. Dort frühmorgens allein zu stehen, ist eine unvergessliche, meditative Erfahrung, für die man nur eines tun muss: vor allen anderen dort zu sein.

Die Kunst der Langsamkeit

Zuhören gibt uns die Möglichkeit, einen Gang zurückzuschalten. Allerdings gelingt es – im Gegensatz zum bloßen Hören – nur schwer, wenn man in Eile ist. Lässt man die Geräusche der Natur an sich heran, bekommen sie eine Symbolik, die das Innehalten und Genießen des Augenblicks erleichtert. Der Kuckucksruf oder das »Zilpzalp« des danach benannten Vogels lassen aufhorchen, wenn man sie in der neuen Saison erstmals hört. Sie sind das akustische Äquivalent zur ersten Schwalbe, die aus dem Winterquartier zurückkehrt.

In Japan ist das Unperfekte, Vergängliche (*wabi-sabi*) im nachklingenden Detail seit Jahrhunderten ein wichtiges ästhetisches Konzept. Die Natur spielt in Japans Ästhetik und Tradition eine wichtige Rolle, obwohl dort heute nur noch wenige Menschen auf dem Land leben (weniger als zehn Prozent der Bevölkerung). Deshalb setzt sich der traditionelle japanische Kalender aus 72 Jahreszeiten zusammen – eine Besonderheit, die zu übernehmen sich auch in anderen Ländern lohnt. Statt der im Westen üblichen langen und dadurch etwas amorphen Marker Frühling, Sommer, Herbst und Winter kennt man in Japan Mikrojahreszeiten (*kō*), die etwa alle fünf Tage wechseln. Sie tragen poetische Namen wie »ferner Donner« (Ende März bis Anfang April), »Frösche beginnen zu singen« (Anfang Mai) und »Grillen zirpen neben der Tür« (dritte Oktoberwoche).

Geflügelter Chor

Die von Wirbellosen, Fröschen und Co. erzeugte Geräuschkulisse ist von Kontinent zu Kontinent verschieden. Nordamerika beherbergt einen umfangreichen Chor aus Grillen, Heuschrecken und Fröschen. In ihn stimmen gelegentlich auch Kolibris ein, wenn sie um nektarreiche Blüten schwirren. In Südeuropa ist man es gewöhnt, gegen Singzikaden anzuschreien oder sich zu ducken, um einem vorbeidröhnenden Taubenschwänzchen nicht im Weg zu sein. In unseren nördlicheren Breiten geht es ruhiger zu, sodass Vogelgezwitscher und das gelegentliche Intermezzo eines Maikäfers, der im Frühsommer unbeholfen mal hier, mal dort gegen Hindernisse donnert, stärker zum Tragen kommen. Im Vogel- und Insektendasein macht der Ton zur Revierabgrenzung und -verteidigung die Musik und ist ein Zeichen, dass die Herren der Schöpfung ihren Mann zu stehen imstande sind. Das Zikadenmännchen erzeugt seinen 100-Dezibel-Gesang mit

»Frösche beginnen zu singen« ist eine der 72 Mikrojahreszeiten, die der japanische Kalender kennt. Sie dauert etwa fünf Tage, dann bricht schon die nächste Jahreszeit mit einem nicht minder poetischen Namen an.

Eine stridulierende Heuschrecke im Hochsommer. Das Hinterbein wird über den Vorderflügel gezogen wie ein Geigenbogen über die Saiten.

einem Tymbalorgan im Hinterleib, während das stakkatoartige Zirpen von Grillen und Heuschrecken durch Stridulation entsteht, wenn sie ihre Schrillkante (Plectrum) an der Schrillleiste des Vorderflügels reiben. Sogar Ameisen stridulieren.

Vögel erfüllen Gärten mit Krächzen und Schreien, aber auch mit Melodien. Stare geben in ihren musikalischsten Momenten ein glucksendes Geräusch zum Besten, doch wenn sie im Flug kreischen und unsanft auf dem Vogelhäuschen landen, können sie ihre Abstammung von den Sauriern nicht mehr verhehlen. Im Frühjahr verstärkt sich die Kakofonie hungriger Stare, wenn junge, aufgeplusterte Jungvögel ihre Eltern zum baldigen Stopfen ihrer Schnäbel auffordern – ein Spektakel, das leider auch Fressfeinde auf den Plan ruft.

Vögel (und Insekten) singen nur, wenn sie sich sicher fühlen. Eine Grille verstummt sofort, sobald man sich auf sie zubewegt, und fährt erst fort, nachdem man sich entfernt. Eine Bande geschwätziger Spatzen in einer rebenumrankten Pergola hält inne und macht sich davon, wenn sich Fremde nähern. Hängt sie jedoch regelmäßig in Ihrem Garten herum, wird sie sich bald an Sie gewöhnen – und Sie geflissentlich ignorieren. Dann müssen Sie jeden Morgen und Nachmittag, frühjahrs wie winters, mit lauten Unterhaltungen rechnen. Spatzen mögen es etwas struppig – zerzauste Rambler-Rosen sind ideal für sie. Sie brauchen zudem eine funktionierende Nahrungskette. Gärtnern für Insekten, Säugetiere und Amphibien ist zugleich Gärtnern für Vögel.

Stille

Eulen fliegen und fressen lautlos. Sie verschlingen ihre Beute im Ganzen, denn lautes Zermalmen wäre verräterisch. Umso geräuschvoller sind Schwäne auf dem Wasser und in der Luft. Fasane wirken fast, als seien sie nicht fürs Fliegen gemacht. Wer sich einen Lustgarten mit exotischen Vögeln zulegt, sollte keinen Pfau darin halten – sein Miauen scheint nicht von dieser Welt und macht Sie in der Nachbarschaft sicher nicht beliebt. Weniger unheimlich ist das beruhigende und zugleich nervende Krähen eines jungen Hahns. In Shakespeares *Hamlet* vertreibt das harsche Geschrei des Gockels sogar Geister: »Der Hahn, des jungen Morgens Herold,/Erweckt mit schmetternder und heller Kehle/Den Gott des Tages, und auf seine Mahnung/ ... Eilt jeder irre Geist in sein Revier.«

IM FOKUS

Der Morgenchor

Gibt es einen schöneren Weckruf als einen vielstimmigen Morgenchor? Er beginnt höchstens ein bisschen früh, denn er erreicht sein Crescendo schon mit der Morgenröte. Die größte Inbrunst legen Vögel etwa einen Monat vor der Sommersonnenwende an den Tag. Hat man Bäume und Sträucher in der Nähe, sollte man bereits um 4 Uhr 30 mit lauten Ständchen rechnen. In gemäßigten Breiten sind oft der Garten- und Hausrotschwanz die ersten Solisten, gefolgt von der Singdrossel. Mit zunehmender Helligkeit stimmen nach und nach weitere Sänger wie Rotkehlchen, Amsel und Meisen in den Chor mit ein. Wenigstens einmal in der Saison sollte man früh aufstehen und ihrem Tagesanbruchskonzert beiwohnen.

Stellen Sie sich in die Nähe von Bäumen oder Gewässern und Sie hören Ringeltauben, Krähen und vielleicht sogar Eulen – ihre Rufe sind unverkennbar. Gut ausgestattet sind Sie mit einer Vogelstimmen-App, denn damit identifizieren Sie auch weniger bekannte Sänger wie Sommergoldhähnchen, Baumläufer, Mönchsgrasmücke und – an guten Tagen – die Nachtigall. Zu den Sängern mit dem größten Melodienrepertoire gehört die Singdrossel. Ihre Darbietungen im Garten zu hören ist auch beruhigend, denn sie frisst Schnecken (weshalb man auf Schneckenkorn verzichten sollte).

Ein Rotkehlchen gibt seine Weisen zum Besten. Bei dieser Art singen Männchen und Weibchen und lassen sich auch kaum unterscheiden.

Das scheinbare Verschwinden der Vögel

Wenn im Hochsommer die erste Brut das Nest verlassen hat und die Revierverteidigung zweitrangig wird, brauchen Vögel nicht mehr zu beweisen, welche großartige Sänger sie sind. So wird es ab dem Spätsommer merklich ruhiger. Zudem beginnen sich die Tiere zu mausern. Das beeinträchtigt ihre Flugkünste, weshalb sie sich vor Fressfeinden verstecken müssen. Weil in dieser Zeit zudem Beeren, Samen und Früchte reifen, nehmen sie Vogelfutter weniger dankbar an. Erst mit dem ersten Frost kehren sie zum gedeckten Tisch zurück.

Die Wissenschaft des Hörens

Beim Hören spielen physikalische Vorgänge eine wichtige Rolle: Der von einer vibrierenden Quelle ausgehende Schall wird mithilfe schwingender Moleküle zum Innenohr übertragen. Transportieren können ihn unterwegs Luft, Wasser und sogar ein Holzzaun. Das äußere Ohr ist wie eine Meeresmuschel geformt, daher der Begriff »Ohrmuschel«, die Hörschnecke im Innenohr, lateinisch Cochlea, hingegen ähnelt eher einer, nun ja, Schnecke und enthält Flüssigkeit, die die Signale weiterleitet. Davor durchlaufen die Schallwellen aber noch den Gehörgang, setzen das Trommelfell in Bewegung und treffen auf die drei Gehörknöchelchen Hammer, Amboss und Steigbügel, die die Schwingungen nach innen übertragen. Schall besteht aus kontinuierlichen Reizen, die vom Hörnerv und schließlich vom Gehirn verarbeitet werden. Er ist nur mit etwa einem Millionsten der Geschwindigkeit von Licht unterwegs, weshalb wir Donner erst nach dem Blitz wahrnehmen.

Das Leben auf der Erde ist zum großen Teil von Schall geprägt – im luftleeren Raum können Geräusche weder erzeugt noch empfangen werden. Sogar Pflanzen reagieren auf Musik. Sie sind empfänglich für hohe Frequenzen und Dezibelwerte, zeigen aber keine Vorliebe für bestimmte Musikrichtungen. Ihre Reaktionen basieren auf Vibrationen. Das Summen einer Hummel, deren ganzer Körper vibriert, erhöht bei manchen Pflanzen die Pollenproduktion, während die von den Zähnen bzw. Mundwerkzeugen von Pflanzenfressern erzeugten Schwingungen Gewächse dazu bringen können, Abschreckungschemikalien zu bilden. Die Wissenschaft beginnt gerade erst zu untersuchen, wie sich die Pflanzengesundheit durch positive Vibrationen verbessern lässt. Wir Menschen begreifen als Lebewesen allmählich, dass die Geräusche der Natur sich auch auf uns positiv auswirken.

Gut möglich, dass Taubnesseln das Summen von Hummeln »mögen«.

Angenehme Klänge verstärken

Weil angenehme Geräusche unaufdringlich sind, bemerken wir sie oft gar nicht, etwa wenn eine Amsel ihren hinreißenden Gesang ertönen lässt. Damit wir aufmerksam werden und hinhören, muss schon ein ganzer Vogelchor seine Weisen zum Besten geben oder ein winziger Zaunkönig plötzlich eine laute Arie schmettern. Im Garten lenkt das Ohr das Auge zum Vogel. Vor allem Rotkehlchen singen gern Tag für Tag auf demselben Zweig. Unsere Aufgabe ist es, sichere Plätze zu schaffen, von denen aus Vögel Konzerte geben können. Das geht manchmal ganz einfach, etwa indem man eine geometrische Hecke ein bisschen wilder wachsen lässt (bei Hain- und Rotbuchen ist das kein Problem) oder einen kleinen Baum neben seinen Lieblingssitzplatz pflanzt, statt dort einen sperrigen Sonnenschirm aufzustellen.

Ein vogelfreundlicher Garten bietet gefiederten Besuchern Schlafplätze. Vögel ruhen gern in Hecken und immergrünen Sträuchern, manche außerdem in Baumhöhlen. Viele nutzen die Nistkästen für den Frühling auch im Winter, um sich drinnen zu wärmen. Als guter Vogelhotelier sollten Sie die Kästen deshalb ab August einer Grundreinigung unterziehen. Vögel überleben zwar naturgemäß auch ohne unsere Hilfe, aber da wir als Art in ihre Lebensräume eingreifen, ist es nur recht und billig, wenn wir ihnen im Gegenzug das Leben etwas leichter machen. Ein Asthaufen bietet Verstecke für Vögel, die Schutz suchen – denken Sie daran, wenn Sie das nächste Mal nicht wissen, wohin mit dem Weihnachtsbaum. Entasten Sie ihn, werfen Sie seine Zweige mit dem Baum- und Heckenschnitt hinter den Schuppen und vergessen Sie alles bis zum nächsten Jahr, um dann weitere Reste daraufzuwerfen. Sauber gestapeltes Holz ist eher etwas für Menschen als für Kleinlebewesen, versuchen Sie deshalb, ein

Eine Singdrossel genießt die Versteckmöglichkeiten, die dieser Garten bietet – und den frisch ausgegrabenen Wurm. Außerdem sind Drosseln vorzügliche Schneckenvertilger.

paar unaufgeräumte, chaotische Haufen in Ihrem Garten dort aufzuhäufen, wo sie nicht stören.

Ein Rascheln in der Dämmerung ist nicht angsteinflößend, sondern ein Erlebnis, wenn man feststellt, dass es von Igeln ausgeht. Die Stachelträger bevorzugen wie jedes Tier Gärten, die nicht zu Tode gepflegt sind. Wer vom Garten als seinem »Freiluftzimmer« spricht, neigt oft dazu, es wie ein Wohnzimmer zu behandeln und als Raum zu gestalten, in dem ein witterungsbeständiger Teppich und Bodenlampen der erste Schritt zu Kunstrasen und geometrischen, in der Sonne blau gebleichten Plastikbäumchen sind. Dabei ist es viel leichter, sich erst gar nicht mit solchen Dingen aufzuhalten und so noch Kosten zu sparen. Wer einen guten Mix aus Bäumen, Kletterpflanzen, Hecken, ausgewählten immergrünen Sträuchern, hohem Gras und kleinen Gewässern wählt, outet sich als guter Gärtner, so sehr er auch behauptet, gar keine Zeit für Gartenarbeiten zu haben. Denn er legt Wert auf wichtige Elemente, die leben und atmen.

Zu den großen Vorzügen von Hecken gehört, abgesehen von der Tatsache, dass sie Vögeln, Säugetieren und Insekten Nahrung und Schutz bieten, ihre lärmdämpfende Wirkung. Bearbeitet der eigene Hund oder der von Bekannten sein quietschendes Spielzeug, stört uns das kaum, aber wenn ein Garten als Zufluchtsort dienen soll, schadet es nicht, die Geräusche anderer nur gedämpft zu hören. Je dicker eine Hecke, desto besser. Aber auch einen dünnen immergrünen Wall, etwa aus Stechpalmen oder Kirschlorbeer, kann man verstärken, wenn man weitere Sträucher wie einen lockeren Buchsbaum oder eine Eibe davor platziert. Blütenfarben dazwischen werten das Ganze optisch auf.

Kies dagegen verstärkt Geräusche und ist eine natürliche Alarmanlage. Sogar als Lebensraum für Pflanzen ist er geeignet, da er den Wurzelraum kühl und stark durchlässig hält. Zugleich kann man mit einem Geräusch ein anderes dämpfen: Plätscherndes Wasser erspart einem die Einzelheiten nachbarlicher Gespräche, während ein sprudelnder Springbrunnen sie sogar ganz überlagert. In unseren Breiten ist Wasserrauschen belebend, nicht jedoch entspannend. Viel verlockender ist ein leichtes Gluckern für Insekten und die Hauptprotagonisten schöner Gartengeräusche: Vögel.

Es gibt nichts, womit man Tiere und damit angenehme Klänge besser in den Garten lockt als mit Wasser. Wenn es auch noch plätschert, ist das umso besser.

»Ich schätze meinen Garten mehr wegen seiner vielen Amseln als wegen der Kirschen und gebe ihnen sogar bereitwillig Früchte für ihre Lieder.«

Joseph Addison, 1712

Pflanzen zum Hören

Nicht invasiver Bambus *Fargesia* **oder** *Phyllostachys*

Wer durch Wind erzeugte Gartengeräusche mag, wird am Rascheln der Blätter und Zusammenstoßen der Halme von Bambussen seine Freude haben. Bambus hat einen legendären Ruf als schnell wachsende Pflanze, die sogar mit der Leyland-Zypresse mithält. Besonders empfehlenswert sind einige Arten der Gattungen *Fargesia* und *Phyllostachys*. *F. rufa* und *F. murielae* eignen sich vor allem für kleine Gärten.

Beim Einwachsen feucht halten. Ausbreitung mit einer unterirdischen Barriere begrenzen.

Echte Feige *Ficus carica*

Feigenbäume wachsen wie große Sträucher mit Blättern und Ästen bis zum Boden. Man hört sie fast ständig rascheln, denn sie locken mehr Tiere an als jeder andere Obstbaum: Über 1000 nacht- wie tagaktive Säugetiere und Vögel lassen sich Feigen schmecken. Wer Ökologie und Eleganz verbinden möchte, kultiviert einen Feigenbaum in Fächerform vor einer Süd- oder Westwand. In wintermilden Gegenden sind sie auch in Mitteleuropa winterhart.

Besserer Fruchtansatz in voller Sonne und mit beengtem Wurzelraum.

Hängebuchen, -birken und -weiden

Bäume mit hängendem Wuchs, deren Astvorhänge bis zum Boden reichen, bringen eine gewisse Theatralik in den Garten. Neben oder unter einer solchen kaskadierenden Krone zu stehen, ist ein Baumerlebnis, wie es eindringlicher nicht sein könnte. Die biegsamen Zweige werden von der leichtesten Brise in Bewegung gesetzt, ob es sich um mächtige Weiden oder Hängebuchen handelt, deren Blätter im Herbst in verschiedensten Farben leuchten. Birken oder Ahorne rascheln leiser und zarter.

Jungbäume am besten klein pflanzen und in den ersten Jahren regelmäßig wässern.

Mais *Zea mays*

Mais lautlos zu knabbern ist unmöglich. Jeder Bissen in einen reifen, gekochten Kolben knackt herrlich – ein hörbarer Genuss, dem man am besten in der Gruppe frönt. Puristen bestehen darauf, die Kolben mit Schale auf dem Grill zu rösten. So kann sich jeder am geräuschvollen Abziehen der Schalen und Schöpfe beteiligen. Beim Buttern und Salzen, ohne sich die Finger zu verbrennen, kommt garantiert Stimmung auf.

Mais wird vom Wind bestäubt und sollte daher in Gruppen gepflanzt werden. Er braucht viel Sonne, um zu reifen.

Rechts: *Feige.*

»Streicht der Wind durch Birken, glaubt man fast ein Lachen, Flüstern oder Reden zu hören.« Iwan Turgenjew

Hänge-Birke *Betula pendula*

Das Geräusch eines leichten Windhauchs, der eine lichte Krone aus kleinen Blättern an biegsamen Ästen durchweht, hebt die Stimmung. Doch es verändert sich mit den Jahreszeiten leicht. Iwan Turgenjew beschreibt in seiner Novelle *Das Stelldichein* einen Birkenhain, durch dessen Wipfel in den ersten Septemberwochen ein schwacher Wind zieht. In anderen Jahreszeiten, erzählt er, mute das wie Lachen, Flüstern oder Reden an, doch im Herbst sei es »ein kaum hörbares, verschlafenes Geplauder«. Machen Sie es wie Turgenjew und erkennen Sie anhand einer mitteilungsfreudigen Birke die Jahreszeit.

Jeder Standort und durchlässiger Boden in der Sonne oder im Halbschatten.

Sonnenblume *Helianthus annuus*

Sonnenblumen sind mit ihren hohen Stängeln und Blütensonnen die Pflanzen mit dem höchsten Erkennungswert. Wer Kinder für die Freuden eines summenden und zwitschernden Gartens begeistern möchte, lässt sie diese angenehm schnell wachsenden Einjährigen ziehen. Hummeln krabbeln gern über ihre überdimensionierten Blütenkörbe aus kleinen Röhrenblüten und machen sich pollenbeladen wieder davon. Im Herbst sind die dicht mit Samen bepackten Scheiben ein Präsentierteller, der Stieglitze und Grünfinken anlockt.

Geschützte Plätze, volle Sonne und feuchte, aber durchlässige Böden. Sonnenblumen brauchen mitunter eine standfeste Stütze.

Kultur-Apfel *Malus domestica*

Ein Apfelbaum ist eine Bereicherung für Gärten und gehört zu den lautesten Obstpflanzen. Seiner reifen Frucht mit dem Messer zu Leibe zu rücken ist Vorfreude pur, wird aber in den Schatten gestellt vom herzhaft knackenden Biss in die ganze Frucht. Bei späteren Bissen verhallt der Effekt, doch als Klangritual ist das erste Hineinschlagen der Zähne eine Wonne. Ganz zu schweigen vom Geräusch eines Apfels, der vom höchsten, unerreichbaren Ast ins Gras fällt.

Sonnige, geschützte Standorte auf durchlässigen Lehmböden.

Links, von oben nach unten: *Sonnenblume, Apfel.*

Einjähriges Silberblatt *Lunaria annua*

Trotz des Namens wächst das Einjährige Silberblatt meist zweijährig. Wie bei den ebenfalls zweijährigen Fingerhüten lohnt es sich, sie jährlich auszusäen, um kontinuierlich Blüten im Garten zu haben. Sie sind rotviolett oder weiß und tragen auffällige Samenschoten, weshalb sie auch Judassilberlinge genannt werden. Die Schoten rascheln angenehm im Wind oder in Retrosträußen.

Gedeiht bestens in feuchten, durchlässigen Böden. Nicht vor Nordmauern pflanzen.

Apfel *Malus*

Als Angehörige der Rosenfamilie (Rosaceae) beschäftigen Äpfel sämtliche Sinne. Gerade Holz- bzw. Wildäpfel sind wichtig für die Tierwelt und locken Vogelarten an, die zu den besten Gartensängern gehören. Man pflanzt die mittelgroßen Gehölze neben ein Fenster, wenn man ganzjährig einen Logenplatz beim Beobachten von Amseln, Singdrosseln und Rotkehlchen haben möchte, die ihre Gesänge im Frühjahr zwischen den hübschen weißen oder rosa Blüten hervorschmettern. Die fleischigen Früchte sind im Herbst ein willkommener Bonus.

Beste Fruchtentwicklung in voller Sonne. Jeder durchlässige, feuchte Boden.

Chinaschilf *Miscanthus sinensis* 'Morning Light'

Gräser flüstern förmlich im Wind, weiche, seidige Formen sind aber auch unwiderstehlich angenehm anzufassen. Nicht jedes Chinaschilf ist empfehlenswert, da manche Arten sich ungebührlich stark ausbreiten. Die Sorte *Miscanthus sinensis* 'Morning Light' bildet Horste und wird von Gartenarchitekten gern in gemäßigten Zonen eingesetzt, weil sie artig bleibt und das Licht sich in den Halmen reizvoll fängt.

Auch im Winter noch schön anzusehen; im Frühjahr schneiden.

Fächer-Zwergmispel *Cotoneaster horizontalis*

Da Pflanzen am Anfang der Nahrungskette stehen, lockt man mit ihnen die geschäftige Tierwelt in den Garten. Beerensträucher rufen Insekten, Vögel und Säugetiere auf den Plan, die abgefallenen Früchte tun dem Boden gut. Amseln suchen überwiegend am Boden Nahrung. *Cotoneaster horizontalis* bildet schöne, niedrige Gebilde aus schwarzen Zweigen mit roten Beeren, auf denen die Vögel im Winter mit Vorliebe herumhopsen.

Sonne oder Halbschatten, feuchte, gut durchlässige Böden.

Von oben im Uhrzeigersinn: *Silberblatt, Apfel, Chinaschilf.*

»Eine dichte Stechpalmenhecke ist ein guter Lärmschutz – und bindet obendrein Kohlenstoff.«

Großes Zittergras *Briza maxima*

Sie fangen das Licht, sind angenehm anzufassen und bezaubern mit baumelnden Ährchen – für Floristen ist das Zittergras ein Muss. Seine herzförmigen, hopfenartigen Blütenstände hängen wie an Angelruten und klappern leise, wenn man sie anfasst. Das Zittergras wird nur etwa 60 cm hoch und breitet sich auf durchlässigen Böden gern unkrautartig aus. Bevor sich die Ährchen bilden, sieht es aus wie gewöhnliches Gras. Im Garten ist es in einem separaten Schnittblumengehege am besten aufgehoben.

Alle Standorte und Böden, am besten leicht feucht. Gedeiht auch in exponierten Lagen.

Gewöhnliche Stechpalme *Ilex aquifolium*

Solitäre Stechpalmen sind etwas Großartiges, doch als Hecken gehören sie zu den besten Geräuschfiltern. Je breiter sie sind, desto besser dämpfen sie Lärm. Obendrein speichern sie Kohlenstoff. Allerdings braucht man relativ viel Platz für sie, denn um Beeren zu bekommen, muss man männliche und weibliche Exemplare pflanzen. Die Äste reichen bis zum Boden und sind damit nicht nur ein guter ganzjähriger Bodendecker, sondern schaffen auch einen sicheren Zufluchtsort für Kleintiere.

Winterhart. Halbschatten oder volle Sonne. Braucht durchlässige Böden. Gut für Gehölzgruppen.

Wolfsmilch *Euphorbia*

Wer einen texturbetonten, ganzjährig attraktiven Garten bevorzugt, sollte sich in dieser riesigen Gattung umsehen. Typisch für viele Wolfsmilcharten wie *Euphorbia characias* subsp. *wulfenii* sind fluoreszierende grüne Blüten im Frühjahr, auf die unverkennbare Samenstände folgen. Die Samen der Kreuzblättrigen Wolfsmilch (*Euphorbia lathyris*) erinnern an Kapern, färben sich dunkel und werden irgendwann weggeschleudert. Besonders faszinierend ist das dabei entstehende Geräusch, das an das Klicken einer Kamera erinnert – und daran, dass die Pflanze schleunigst zurückgeschnitten werden sollte, damit sie sich nicht zu stark ausbreitet.

Sonne bis Halbschatten. Fruchtbare, durchlässige Böden.

Von oben im Uhrzeigersinn: *Wolfsmilch, Großes Zittergras, Stechpalme.*

Säckelblume *Ceanothus*

»Dehiszenz« nennen Botaniker es, wenn Samenkapseln wie die der Säckelblume reif sind und aufplatzen. Dabei schleudert der Fruchtknoten Samen mit einer kleinen Explosion fort, was aber nicht die effizienteste Art der Vermehrung ist und kaum dazu führt, dass *Ceanothus* den ganzen Garten zuwuchert. Kaufen Sie eine registrierte Sorte, die sich für die Bedingungen in Ihrem Garten eignet, und genießen Sie den Strauch, wenn er im Frühjahr seine kleinen, intensiv blauvioletten Blüten öffnet und so allerlei summende Interessenten anlockt.

Wichtig: sehr durchlässige Böden. Verträgt etwas Trockenheit. Volle Sonne und Schutz.

Taubenkropf-Leimkraut *Silene vulgaris*

Seine Blätter und Stiele quietschen, wenn man sie aneinander reibt. Schon das allein ist Grund genug, dieses Leimkraut zu kultivieren, doch wenn man in Umbrien lebt, macht man auch noch Pastasoße daraus. Die Blüten ähneln mit ihrer aufgeblasenen, geäderten Röhre einem Taubenkropf, daher der Name. Wer einen eher steinigen, kalkigen oder sandigen Boden hat, kann die Art mit Wildblumen im Gras kultivieren.

Eine Wildblume, die in exponierten, sonnigen bis halbschattigen Lagen wächst.

Byzantinische Siegwurz *Gladiolus communis* subsp. *byzantinus*

Diese Gladiolen stammen aus Sizilien und Südspanien und werden auch wegen der Laute geschätzt, die man hört, wenn man ihre Blätter zwischen zwei gestreckte Daumen klemmt und hindurchbläst – es entsteht ein fast hupendes Geräusch. Nicht-Kindsköpfe unter den Gartenbesitzern dagegen schätzen ihre magentarosa Blüten an langen Stängeln, die sich besser in Pflanzengruppen integrieren als ihre Verwandten, die Garten-Gladiolen.

Volle Sonne, gute Drainage, für Rabatten oder zum Verwildern in Wiesen.

Schlaf-Mohn *Papaver somniferum*

Mit das Beste am Schlaf-Mohn ist der Samenstand, eine runde pfefferstreuerähnliche Kapsel mit dekorativem Schopf. Sie ist sehr haltbar und ziert den Garten, bis die Stängel umfallen. Die Samen im Inneren klappern monatelang und werden über kleine Löcher vom Wind oder von Menschen verbreitet, die sie fasziniert vom Klang schütteln.

Wächst praktisch überall, sofern der Boden durchlässig ist. Die Kultur von Schlaf-Mohn ist in Deutschland, nicht jedoch in Österreich und der Schweiz genehmigungspflichtig. Das gilt auch für Zierpflanzen.

Von oben nach unten: *Gewöhnliche Siegwurz, Schlaf-Mohn.*

Register

Kursive Seitenzahlen verweisen auf Abbildungen.

Quellenverzeichnis:

S. 13: Stevenson, Robert Louis: The Ideal House in: Essays of Travel. Chatto and Windus, London, 1905.

S. 14: Walpole, Horace: The History of Modern Taste in Gardening, London, 1782.

S. 17: Sackville-West, Vita: The Illustrated Garden Book, Michael Joseph Ltd., London, 1968.

S. 17: Lee, Laurie: Des Sommers ganze Fülle, dtv, München, 1987.

S. 22-24: Burnett, Frances Hodgson: The Secret Garden, Frederick A. Stokes Company, New York, 1911.

S. 26: Hardy, Thomas: Tess of the d'Urbervilles, Osgood, McIlvaine & Co., London 1891.

S. 38: Stifter, Adalbert: Briefe, Schriften, Bilder. W. Langewiesche-Brandt, Ebenhausen b. München, 1925.

S. 43: Jane Grigson: Jane Grigson's Vegetable Book. Bison Books, 2007, University of Nebraska Press, Lincoln.

S. 56: Evelyn, John: Acetaria, B. Tooke, London, 1706.

S. 68: Brillat-Savarin, Jean Anthelme: Physiologie des Geschmacks, oder Transcendentalgastronomische Betrachtungen, Verlag Philipp Reclam jun., Leizpig, 1885 (Deutsch von Robert Habs).

S. 98: Shakespeare, William: Shakespeares Sonnet: Niever Before Imprinted. Thomas Thorpe, London, 1609 (Deutsch von Dorothea Tieck).

S. 128: Von Arnim, Bettina: Clemens Brentanos Frühlingskranz, Egbert Bauer, Charlottenburg, 1844.

S. 130: William Robinson: The English Flower Garden – Style, Position, and Arrangement. Erstveröffentlichung 1883. Nachdruck: Cambridge University Press, 2011.

S. 149: Shakespeare, William: Hamlet, Brockhaus, Leipzig und Altenburg, 1815 (Übersetzung: F. W. Schlegel, in der Bearbeitung August Klingemann).

S. 158: Addison, Joseph: The Spectator, Nr. 477 vom 6.9.1712, aus: The Spectator – A New Edition. Reproducting the original text as first issued and as corrected by its authors. George Routledge and Sons Ltd. London, 1891.

S. 163: Iwan Turgenjew: Das Stelldichein, www.projekt-gutenberg.org/turgenev/aufzeichn/chap019.html (Deutsch von Alexander Eliasberg).

Über die Autorin

Kendra Wilson hat bereits neun Bücher über Gärten und Kunst verfasst. Ihre journalistische Karriere begann bei der britischen *Vogue* und *The Observer*. Ferner war sie für Condé Nast in New York tätig und erwarb sich einen Abschluss an der Kunsthochschule Central Saint Martins in London. Nach ihrem Umzug aufs Land begann Wilson als Gartenjournalistin und Hilfsgärtnerin auf historischen Anwesen in Northamptonshire zu arbeiten. Sie verfasst regelmäßig Beiträge für *Gardens Illustrated* und weitere Monatszeitschriften. Ihre Leidenschaft sind fantasievoll gestaltete Gärten, in denen Design, Gartenbau und Natur eine Einheit bilden.

Dank

Die Autorin dankt allen bei DK, die dieses Buch möglich gemacht haben, vor allem Chris Young, der den Anstoß dazu gegeben hat. Ein besonderer Dank geht an Lucy Bannell, die Wunder-Redakteurin, außerdem an folgende Personen und Institutionen: James Alexander-Sinclair, Claudio Bincoletto im Keythorpe Walled Garden, Tania Compton, der Damson Farm, Izi Glover, Hampton Court Castle, Arne Maynard Garden Design, Saint Timothee, Salthrop House und Simon Spence im Worton Kitchen Garden, ferner Anna Benn, Celestria Alexander-Sinclair und der Happy Cat Farm in Pennsylvania.

Dank des Verlags

Dorling Kindersley dankt Kathy Steer für das Korrektorat, Vanessa Bird für das Register und Steve Crozier für die Repro-Arbeit.

Bildnachweis

Ein herzliches Dankeschön an alle, die mit ihren Fotografien einen unschätzbaren Beitrag zu diesem Buch geleistet haben.

(Abkürzungen: o = oben, u = unten, m = Mitte, l = links, r = rechts, g = ganz)

Alle Fotos von **Britt Willoughby Dyer,** ausgenommen:

4-5 Andrew Maybury. **13 Jim Powell**. **27 GAP Photos:** Heather Edwards. **30 Dreamstime.com:** Ammentorp. **39 Andrew Maybury**. **41 Kendra Wilson:** (ur). **42 Andrew Maybury:** (ur). **Jim Powell:** (go). **46 GAP Photos:** Jonathan Buckley (ur). **Kendra Wilson:** (ul). **49 GAP Photos:** Robert Mabic (gol). **50 Andrew Maybury**. **53 GAP Photos**. **63 Andrew Maybury**. **65 Valery Rizzo**. **66 Valery Rizzo**. **71 GAP Photos:** Christa Brand (gor). **Jim Powell:** (gol). **Valery Rizzo:** (u). **72 Alamy Stock Photo:** Inga Spence (go). **Valery Rizzo:** (u). **76 GAP Photos:** Jonathan Buckley (gol, gor). **Shutterstock.com:** Milan Sommer (u). **79 Andrew Maybury:** (ur, ul). **80 Andrew Maybury**. **90-91 Jim Powell**. **102 Andrew Maybury**. **105 GAP Photos:** Jonathan Buckley (ur). **Andrew Maybury:** (ul). **106 GAP Photos:** Jonathan Buckley (gol). **113 Jim Powell**. **123 Andrew Maybury**. **131 Andrew Maybury:** (ur). **Jim Powell:** (ul). **132 Andrew Maybury:** (go). **Jim Powell:** (ul). **135 Alamy Stock Photo:** foto-bee (go). **GAP Photos:** Jonathan Buckley (ul). **148 Andrew Maybury**. **150 GAP Photos:** Gary Smith. **153 Andrew Maybury**. **159 Dreamstime.com:** Amani A. **162 Andrew Maybury:** (go). **165 Alamy Stock Photo:** Botanic World (u). **166 GAP Photos:** Dianna Jazwinski (ur). **169 Jim Powell:** (u).

DK London

Lektorat
Lucy Bannell, Ruth O'Rourke, Katie Cowan

Gestaltung und Bildredaktion
Tessa Bindloss, Barbara Zuniga, Kendra Wilson,
Marianne Markham, Maxine Pedliham

Umschlaggestaltung
Maxine Pedliham, Lucy Philpott

Herstellung
David Almond, Rebecca Parton

Für die deutsche Ausgabe:
Verlagsleitung Monika Schlitzer
Programmleitung Heike Faßbender
Redaktionsleitung Dr. Kerstin Schlieker
Projektbetreuung Manuela Stern
Herstellungsleitung Dorothee Whittaker
Herstellungskoordination Bianca Isack
Herstellung Claudia Bürgers

Titel der englischen Originalausgabe:
Garden for the Senses

Übersetzung Reinhard Ferstl
Lektorat Dr. Ruthild Kropp

ISBN 978-3-8310-4623-2

Druck und Bindung C&C Offset Printing, China

MIX
Papier | Fördert gute Waldnutzung
FSC www.fsc.org
FSC® C018179

www.dk-verlag.de

Hinweis
Die Informationen und Ratschläge in diesem Buch sind von den Autoren und vom Verlag sorgfältig erwogen und geprüft, dennoch kann eine Garantie nicht übernommen werden. Eine Haftung der Autoren bzw. des Verlags und seiner Beauftragten für Personen-, Sach- und Vermögensschäden ist ausgeschlossen.

Noch mehr Spaß und Lesefreude

ISBN 978-3-8310-4525-9

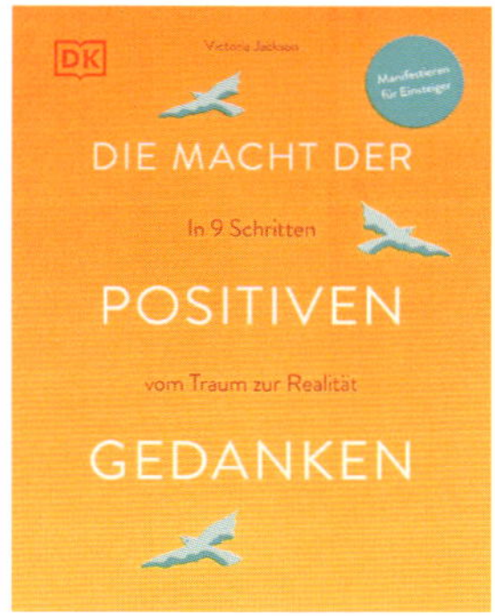

ISBN 978-3-8310-4648-5

ISBN 978-3-8310-4592-1

ISBN 978-3-8310-4620-1

DK

www.dk-verlag.de